石磊／编著

U0181928

情商

让你成为一个受欢迎的人
成就最好的自己

民主与建设出版社

·北京·

Ⓒ 民主与建设出版社，2021

图书在版编目（CIP）数据

情商. 让你成为一个受欢迎的人，成就最好的自己 /
石磊编著 . 一北京：民主与建设出版社，2021.6
（2023.4重印）
（人生智慧系列）
ISBN 978-7-5139-3532-6

Ⅰ．①情… Ⅱ．①石… Ⅲ．①情商 - 通俗读物 Ⅳ．
①B842.6-49

中国版本图书馆 CIP 数据核字（2021）第 085227 号

情商. 让你成为一个受欢迎的人，成就最好的自己

QINGSHANG RANG NI CHENGWEI YIGE SHOUHUANYING DE RENCHENGJIU ZUIHAO DE ZIJI

编　　著	石　磊	
责任编辑	王　颂	
封面设计	于　芳	
出版发行	民主与建设出版社有限责任公司	
电　　话	（010）59417747 59419778	
社　　址	北京市海淀区西三环中路 10 号望海楼 E 座 7 层	
邮　　编	100142	
印　　刷	三河市新科印务有限公司	
版　　次	2021 年 6 月第 1 版	
印　　次	2023 年 4 月第 2 次印刷	
开　　本	880 毫米 ×1230 毫米　1/32	
印　　张	21	
字　　数	450 千字	
书　　号	ISBN 978-7-5139-3532-6	
定　　价	108.00 元（全三册）	

注：如有印、装质量问题，请与出版社联系。

前 言

情商包含人的情绪、素质、性格各个方面，对人的日常工作和生活起着至关重要的作用。很多人都想提高自己的情商来使生活更加美满，工作更加顺利。可是令他们苦恼的是，他们不知道怎么提高自己的情商。其实，生活中的每一个细枝末节都体现着情商的作用和所蕴含的能力。提高情商其实有着简单易行的方法，那就是要做个有心人。

与智商相比，情商是一项可以自由修炼的软技能。一个幸福的人未必有着高智商，却一定有着高情商。对于那些向往童话般美好人生的人而言，拥有高情商不是一件困难的事情。而且，心理学家的研究也为情商不高的人打消了顾虑：科学研究表明，人的情商只有 20% ~ 30% 来自遗传，有很大的后天提升和发展的空间。

人的一生无非要用自己的实际行动回答三个问题：一是如何说话；二是如何做人；三是如何做事。一个人不管有多聪明，多能干，条件有多好，如果不懂得如何说话、做人、做事，那么他最终的结局肯定是失败。很多人之所以一辈子都碌碌无为，就是因为活了一辈子都没有弄明白该怎样去说话做人做事。

　　做事先做人，做人会说话，这句话是很有道理的。因为只有一个人做人成功了，他才能有机会获得事业上的成功；相反，一个人如果做人失败了，即使他话说得再好，把事情做得再漂亮，即使从表面上看来很风光，但到头来他仍然是一个失败者。

　　我们生活在一个现实的社会，一些人和事，你根本无法改变的，这个时候就需要改变自己，努力让自己适应这个社会。如果不想处处碰壁，你就必须懂得一些人情世故，掌握一些交际礼仪、沟通技巧和灵活地处世。人的智力本无太大差异，为什么有的人成功，有的人失败？说话、做人、做事到位是一个高情商者的真本领。

　　本书将围绕会说话、会办事、会做人三个方面来系统地论证在成功的路上，这三个方面的重要性，以给广大在追求成功的路上的读者以启迪。本书是一把开启事业与人生成功的钥匙，不仅带给读者解读人心的意外惊喜，而且带给读者说话办事的实用策略和为人处世的深刻道理。内容古今兼用，中外融通，多侧面、多角度、多层次地揭示为人这个主题，阐述了现代人立足社会为人处世应当掌握的技巧和策略。

目　录

上篇

会说话

第一章 说话讲技巧，会说话如鱼得水

说话应选准时机

开口说话不能随心所欲，而应注意选准时机。否则，时机不恰当，对方不但不愿意听，还可能会感觉十分厌烦。相反，如果能够选择最佳时机，进行恰当的表达，就能让对方愿听并对我们的话感到信服。

小薇刚刚进入了一家公司工作，由于表现出色，获得了一个向董事长汇报工作的机会。

小薇准备好材料，兴冲冲地来到了董事长办公室。当时，董事长正在与几位客户交谈。小薇直接走了进去，与董事长打了个招呼后，就开始自顾自地汇报自己的工作。

还没讲几分钟，董事长就挥挥手打断了她的话。看到小薇惊讶的表情，董事长摇了摇头，说："你觉得自己汇报的是十万火急的事情吗？"

小薇更加迷惑了，她不知道怎么回答，只能吞吞吐吐地说："不是……我只是……"

董事长的表情变得严肃起来："既然不是十万火急的事情，那你为什么一定要打断我们的谈话呢？你知不知道我们正在谈的是一笔交易金额超过一千万元的业务？"

小薇这才注意到，那几位客户脸上也带着不高兴的表情。显然，小薇不挑时机，冒冒失失地闯进来汇报工作，让大家的思路都受到了影响。

小薇后悔不已，连忙向董事长和几位客户诚恳地道歉，并匆匆忙忙地离开了董事长办公室。从那以后，小薇在说话之前，都会先判断一下是不是恰当的时机，她再也不会像那次汇报那样随意开口了。

小薇因为没有找准说话的时机，在无意之中触怒了董事长。这样的教训也告诫我们：在说话时，一定要注意选择时机。那些在职场中游刃有余的说话高手，无一不是善于发现说话的最佳时机，然后将自己想要说的话语，以恰当的方式说出来，说到对方的心坎上，进而也能够达到自己想要达到的目的。

那么，在把握说话时机方面，有哪些要注意的问题呢？

1. 根据具体的语言环境见机行事

说话的"最佳时机"其实没有一定的标准，我们只有根据当时的具体情况，再凭借自己的经验和感觉去判断此时是否应该开口说话。

比如，看到对方正为了一些事务忙碌而分身乏术时，我们就不应该要求与其对话，以免打扰对方，引起对方的反感。再如，对方正在与其他人探讨一些重要问题时，我们也不应该随意开口打断对方，否则会显得很不礼貌，也很容易触怒对方。因此，我们可以选择对方比较空闲、情绪也很稳定的时机与对方对话，这样对方也能够集中注意力在我们要阐述的问题上，使沟通可以顺利地进行下去。

2. 在说话时要考虑到自己的身份

在一些正式的会议场合，我们在说话之前还应当考虑到自己在企业和团队中的位置，然后寻找最适合自己说话的时机。比如，职场新人就不适合抢着发言，更不宜霸占所有说话的机会，因为那会让同事、上司认为我们是想出风头，会认为我们不够稳重、踏实。所以，职场新人应当将说话的时机尽量推迟，待上司、前辈发表了意见之后，自己再发表意见和想法，同时还要注意在发言中体现新意，这样才能给别人留下深刻的印象。

3. 根据对方的表现随时调整说话的时机

为了不让自己的话语引起对方的抵触和反感，我们还要注意在谈话期间察言观色，以便随时掌握对方的情绪变化，并合理调整自己开口和闭嘴的时机。比如，我们在口若悬河地讲述，对方却紧皱眉头或左顾右盼，就表示对方对我们所讲的话题其实一点也不感兴趣。这时，我们就应当适时闭口。然后，想办法寻找对方可能感兴趣的话题重新开始对话。但如果对方陷入沉默，谈话气氛开始变得尴尬，我们则应当及时开口，以打破尴尬的局面，让谈话能够继续进行下去。

另外，我们还应当注意在谈话期间满足对方自我表现的欲望，不能一味滔滔不绝地讲话，却不给对方留下一点说话的时间。所以，我们还要学会适时地停顿和沉默，这样才能让谈话变成双向沟通，而不至于成为我们的"个人表演"。

说话时多用"我们"

在职场中说话的时候，应该说"我如何如何"还是"我们如何如何"，这个问题可能很少有人会去认真思考。可是，"我"确实和"我们"有很大的区别。至少在听话的人看来，总强调"我"的人有过于重视个体的地位和利益之嫌，而"我们"则能够拉近说话人与听话人之间的距离，听上去就像在一瞬间建立起了一个团结的群体。所以，职场中的一些说话高手在表达一些看法和意见时，都会很自然地将"我"换成"我们"。

一家企业的某部门准备从员工中提拔一名主管。消息传出后，员工们都在摩拳擦掌、跃跃欲试。其中，有三位员工因为平时表现良好，有很大的升职希望。

为了公平起见，上级决定举行一次竞选演讲，让这三位员工通过自我展示口才、能力来给自己拉选票。

员工小秦对于公司的决定非常欢迎，因为他在上大学时就是系里公认的演讲高手，还经常参加各种辩论赛，并取得过优异的成绩。所以，对公司里这种小型演讲会，他觉得自己完全可以轻松拿下。

在正式演讲那天，小秦发挥了自己的全部实力，赢得了台下阵阵掌声。与小秦相比，另外两位员工的演讲听上去就要平常多了。小秦心想，提拔的肯定是自己了。

然而，当天下午公司宣布的当选人却让小秦大跌眼镜，被提拔当了主管的竟然是一位老员工老罗。小秦很不服气，带着不满的情绪走进了上级的办公室，问上级："公司不是说根据演讲结果来定人选吗？我认为我的演讲水平是第一名，可为什么我会落选呢？"

上级看着小秦，语重心长地说："你们的演讲，我都认真地听过了。你的演讲确实非常精彩，文采飞扬，也很有气势。可是，你知道吗，你一直在说'我会带领大家''我一定能够'这样的话语。我刚才还看了你的演讲稿，'我'出现的次数高达 32 次，而'我们'却一次都没有。你再看看这次当选的老罗，他总是用谦虚的语气说'让我们共同努力''我们一起为部门创造业绩'等。我想，你现在应该明白自己落选的原因是什么了。"

上级的话让小秦陷入了沉思，他这才发现原来自己平时说话的时候没有注意到"我"和"我们"这样的细节，因此付出了这么大的代价。

小秦在说话时总是强调"我"，就容易给其他同事留下"热衷于自我表现，缺乏团队意识和合作精神"的坏印象，同事自然不会对他感到信服，并为他投下选票。相比小秦，总是将"我们"挂在嘴边的老罗就会让同事们感到格外亲切，同事们会认为老罗"更加重视团队和集体的概念，无论说话办事都会从团队的角度出发去考虑问题"，而这也是同事们更加拥护老罗的根本原因。

这个案例也提醒我们，在职场中说话的时候，要学会尽量少说"我"，而要多说"我们"。这虽然只是一个非常简单的说话技巧，但有时却能够产生意想不到的效果。

1. "我们"可以帮助我们得到团队的接纳

无论是在部门小团队还是在公司这个大的团队中，具有集体意识、团队精神的成员才会更受其他成员的欢迎，才能够融入整个团队中，推动团队的运作和发展。我们可以试想一下，在团队中如果突然出现了一个整天不停地强调"我"这个字眼的成员，就必然会引起其他成员的怀疑和反感。哪怕此人确实有真才实学，但因为总是将自己凌驾于团队之上，就会成为大家敬而远之的"独狼"，这个人所提出的工作建议等也很难得到其他成员的信服。作为团队的一分子，我们更应当习惯在说话时用"我们"来代替"我"，使自己能够真正获得团队的接纳。

2. "我们"可以为我们赢得合作对象的认可

在职场中，任何时候我们都不可能完全依靠自己的力量去单打独斗。想要完成各种任务，想要获得晋升的机会，都需要与他人进行友好合作，使个人的力量得到更好的发挥。在进行这种合作的时候，我们更是应当强调"我们"这个利益共同体的地位，好让合作对象更愿意和我们一起为共同的目标努力拼搏。可要是我们对着合作对象大谈"我怎样怎样"，就会给对方留下不好的印象，双方之间合作的基础也会变得更加薄弱。所以，我们在面对合作对象时，也应该尽量用"我们"来代替"我"，以此向对方传递出更多善意，让合作能够更加顺利。

3. "我们"可以展现集体的力量和权威性

如果我们正在代表某个团队或集体对外处理一些事务，也应该从集体的角度出发，在说话时尽量采用"我们"这个说法，这样可以将我们要表达的意见和看法都冠上"集体的名义"。比如，"我们会考虑你的意见""我们过几天会答复你"等，这些话语在对方听起来，会更有权威性和说服力，远比用"我"表达的个人意见要有力得多，也更能让对方信服。

寒暄可营造沟通的气氛

寒暄就是正式沟通前的问候、应酬话、场面话等。它看上去可有可无，却能够营造积极、轻松的良好沟通氛围，可以让沟通产生事半功倍的效果。所以，很多职场沟通高手在谈话开始时，一般都不会马上提及自己的目的和来意，而是利用巧妙的寒暄作为开场白，以消除对方的戒心，拉近彼此之间的距离，使对方更愿意认真倾听自己所说的话语。

一家广告公司与另一家大公司签订了合作协议。之后，设计团队群策群力，用一个月的时间完成了设计方案。设计部陈经理带着方案来到了合作方牛总的办公室，热情地递上了方案书。

牛总接过方案书后，随手翻了翻，看上去不太感兴趣。可当他看到方案书的封面时，却不由得停了下来，看了又看。原来，那张封面背景采用了武汉黄鹤楼的图样，而牛总的祖籍就在湖北武汉。这一点，陈经理在来访前就做了充分的了解。于是，陈经理马上就这个话题与牛总寒暄起来："牛总，您觉得这个封面怎么样？是不是很有亲切感？这是我自己挑选的，因为我也是武汉人。"

牛总一听，顿时来了兴趣，高兴地说："是吗？这可是太巧了，你是我的老乡啊。"随后，牛总一改之前不冷不热的态度，变得格外热情。双方经过一番愉快的沟通后，牛总对方案书表示了肯定，只提出了一些细节方面的修改意见，陈经理也带着满意的表情离开了。

在上述这个案例中，我们可以看到，在谈话开始时，如果能够适当寒暄，就能够为双方架设起沟通的桥梁，便于进行情感的沟通，有助于良好的沟通气氛的营造。相反，如果忽略了寒暄的步骤，一见面就开门见山、单刀直入地奔主题，难免会让对方感觉十分突兀，更严重时还可能让对方的防备心理加强，对方的态度也会变得更加强硬，这样不利于谈话意图的顺利开展。

由此可见，在谈话开始时，我们一定要充分重视寒暄的作用。不过，要想利用寒暄这个营造氛围的工具也并不容易，需要我们注意做好以下几点。

1. 寒暄时要表现出热情、友善的态度

我们在寒暄时一定要注意自己的态度，应当表现得主动热情、友善诚恳，使对方能够产生亲切感，有助于拉近双方的距离，为正式开始沟通奠定一个良好的"基调"。相反，如果我们在寒暄时表现得生硬、冷漠，甚至流露出对对方的轻视态度，那就只会让对方产生抗拒心理，更谈不上会让对方感觉信服了。

2. 寒暄应适可而止，不宜影响主题

寒暄应当掌握尺度，只要做到打开局面，让对方产生亲切感就足够了，不宜进行长时间的寒暄，更不宜在一些与谈话主题无关的琐碎话题上长时间纠缠，那难免会让对方感觉无聊、乏味，不利于话题的正常展开。因此，职场沟通高手们都主张要从寒暄中找到"言归正传"的契机，使得谈话可以顺利地进行下去。

3. 寒暄要注意区分对象

在谈话开始时，我们要特别注意根据对方的年龄、职务、性别、文化背景等特点来进行恰到好处的寒暄，以达到最佳效果。比如，对方是身居高位者，那么我们在寒暄时就应采用带有敬意的语言，如"×总，久闻大名，今日见面不胜荣幸"；如果谈判对方是女士，我们在寒暄时就要表现出对女性的尊重，如"×女士，您的风采早有耳闻，今日一见果然气度不凡"等。

另外，如果对方是外籍人士，我们还要考虑对方的语言使用习惯和特别的文化习俗。比如，很多美国人特别是美国女性不喜欢提及年龄，我们在寒暄时就要尽量避开这类话题，并且要注意不能用"您老……""老先生""老夫人"这样的尊称来称呼对方。

此外，在谈话开局进行寒暄时，我们还要注意用语应当文雅、得体，不能让对方产生"不庄重""粗俗"的感觉。有些职场人可能会因为和对方打过多次交道，与对方比较熟悉而不注意寒暄的礼貌。这是非常不应该的，这样做很有可能会让自己在对方心目中的形象大打折扣，谈话也很难顺利进行。这种情况应当坚决避免。

适时地转移话题才能够打破僵局

在沟通时，我们并不可能总是遇到一帆风顺的情况。有时，对方有可能会因为存在偏见、产生误解等原因不愿意再听我们说下去，由此就会导致沟通出现僵局。这时，我们可以采用及时转换话题的办法打破不利局面。

适时地转换话题，可以让沟通双方紧绷的神经得到暂时的放松，还有助于停止无谓的争辩。优秀的沟通高手还善于通过一些看似不相关的话题引起对方的浓厚兴趣，或是引发对方的情感共鸣，这样就能够打破僵局，让沟通得以顺利进行。

在下面这个案例中，这位公司主管就采用了转换话题的方法破解了令人难堪的僵局，并最终成功说服了对方，达到了沟通的目标。

张亮与何方是一家公司的两个部门的主管。一天，张亮应邀来到何方的办公室，和何方就某个项目的合作问题进行讨论。可是，没说几句，双方就陷入了争执。张亮固执地认为何方就是想推卸责任，因此他十分激动，根本听不进何方的解释。

张亮气势汹汹地对何方说："我希望你们部门对我们提

出的要求马上做出正面回复，否则耽误了我们的工作，我就只能向总公司投诉，让他们来解决这个问题了！"何方则无奈地摊开双手道："关于这个问题，我们已经讨论过很多次了。你们部门提出的要求已经超出了我们的能力范围，我们根本不可能达到你们的要求。希望你们能够考虑我们的难处，稍微降低一些要求。"

听完何方的话之后，张亮从座位上站起来，皱着眉头说："看来，你们确实不打算支持我们部门的工作，那么不谈也罢！"眼看着张亮就要离开，何方十分着急。他快速地思考了一下，突然开口道："我们已经谈了两个小时了，我觉得有些累了，不如我们先去休息一下，再来谈这个如何？"由于担心张亮会拒绝，何方又补上一句："我这里有些朋友从福建带来的特级茶叶，咱们到休息室去品尝一下吧。"听何方这样一说，张亮也感觉有些筋疲力尽，他点了点头，和何方一起来到休息室。

在休息室，张亮和何方都觉得轻松了很多。他们两人各自捧着一杯香茶，闲聊起了家常，双方之间的距离也拉近了不少。后来，何方仿佛不经意地将话题又拉回到原来的问题上。但张亮的态度有了明显的松动，不再那么咄咄逼人。最终，双方各自做出了一些合理的让步，达成了一致，张亮也满意地离开了。

在上述案例中，双方显然已经"谈崩了"。如果不想办法挽救，不但会影响之后的正常工作，还会让两位主管以及两个部门之间的关系变得十分紧张。因此，双方必须想办法消除矛盾、破解僵局，促进共识达成。而案例中的主管何方就采用了转移话题的办法，让双方将注意力暂时集中在"喝杯茶休息一下"这个问题上，使紧张的氛围得到了缓和。之后，何方又选择了双方关系最为融洽的时刻，适时地将话题引回到原来的沟通事项中。此时，对方的态度已经有所软化，再进行说服就更容易被对方接受了。

由此可见，在沟通中，我们可以适时地转移话题、打破僵局，待气氛融洽时再回到原有的话题中，这样有助于改变双方因暂时不可调和的矛盾而针锋相对的情况。至于转移话题的方法，可以有以下几种：

1. 话题过渡法

如果对方提出的问题我们不便立刻发表意见，那么可以在回答中想办法转移对方的视线，引出另外的内容，自然地过渡到对方可能会关注的另一话题上。比如，对方一直在追问我们什么时候可以交付手头的项目，而我们又无法给出确切的时间，就可以巧妙转移话题，这样回答对方："如果允许的话，我想先谈谈付款方式的细节。"这样一来，对方因为要思考新的内容，就会暂时停止对前一个话题的纠缠，谈话的紧张气氛也能得到暂时缓解。

2. 问题转移法

我们可以先暂时搁置当前的话题，对其避而不答。接着，马上抛出一连串其他问题，并不时地向对方征求意见，不给对方留下喘息的机会，使其避免再提之前的话题。我们可以这样对对方说："正如您所言，这个问题比较复杂，我们需要稍后调查后再做报告。不过，眼下倒是有几个更加关键的问题亟待解决。第一……"这样也能起到缓解僵局的作用，可以让对方将注意力完全集中于如何回答我们提出的这些问题上。

3. 节外生枝法

如果在沟通时双方矛盾不断激化，以至于无法再正常地继续进行下去，那么这时我们也可以采用"节外生枝"的办法，即完全引入一个与当前沟通内容无关的话题，以调节气氛，消除紧张情绪。像本节案例中的公司主管将话题引向"喝茶休息"上，就可以看作一个典型的节外生枝的转移话题办法。

除了以上这些方法外，转移话题的方法还有很多，我们可以结合具体的沟通情境灵活应用。需要注意的是，转换话题要做到尽量自然，而且要考虑到对方的感受，使对方愿意接受，这样才能起到良好的效果。

巧用提问才会牵着对方的思路走

提问与回答是沟通中必不可少的两个环节。想要提升沟通能力，做到让人信服，就要学会巧妙地提问。它能够帮助我们提升对方沟通的积极性，还能够让我们更好地了解对方的心态和需求，从而可以更好地引导对方，进而发挥我们的说服力和影响力，顺利达到沟通想要达到的目的。

在下面这段对话中，销售员王冰就通过巧妙的提问，一步步引导客户的思维，达到了销售的目的。

王冰：赵先生，产品的情况我已经介绍完毕了，您觉得怎么样？对这款产品还满意吗？

客户（面带犹豫）：产品确实不错，不过这个价格有点高啊。我看人家公司的同类产品价格都没这么贵啊。

王冰（不慌不忙）：您看的是哪家公司的产品呢？能方便跟我说一下吗？

客户（有点局促）：就是那个什么公司，名字我忘记了，他们的价钱比你们便宜20%。

王冰（看出客户是在说谎，但没有揭穿）：是吗？怎么会便宜这么多呢？不过也有可能，有的公司提供不了像我们这样全面的服务和售后保障，所以才能给出低价。不过，赵先生，您买东西只关心产品的价格吗？

客户（连连摇头）：当然不会，质量和服务也很重要，我可不想白花冤枉钱。

王冰：赵先生，您考虑问题确实全面。的确，我们不管买什么东西都要考虑各种因素，而不能只图便宜。那您知道为什么很多客户都会首选我们的产品吗？

客户（很感兴趣）：不知道，你说说看。

王冰：首先，我们的产品无论是原材料还是工艺都是最上乘的，而且我们的产品通过了极为严格的质量检测程序才推出上市。其次，我们的售后政策也十分完善，无论是包退、包换还是保修的服务，时效都比其他公司要长，并且我们在全国各地都有客户服务中心，还可以根据客户的要求提供上门服务，这是很多公司都做不到的。最后，对于有退货、换货需要的客户，我们还能报销一定邮资。您说，这是不是要比很多公司的服务更让人放心呢？

客户（连连点头）：确实如此，听上去很不错。

王冰（趁热打铁）：当然，我现在这样说，您可能没有直观的感受。这样吧，我建议您先买一点样品尝试一下，您就知道我们产品的好处了。如果不满意也没有关系，您还可以享受包退的服务，对您不会造成一点损失。您看要不要现在就下单呢？

客户（略思考了一下）：行，听你的！你帮我下单吧。

在王冰和客户的这段对话中，我们可以看到他通过巧妙的提问技巧，完全掌控了沟通的主动权，并能够引导客户的思维，让客户将关注的重点从"价格"转移到了产品的质量和服务上去，并使客户的购买欲望不断提升，最终成功地促成了交易。

我们在日常工作沟通时，也可以像王冰一样，借助提问来发挥自己的影响力和说服力。为此，我们需要掌握以下两种基本的提问方式：

1. 开放式提问

开放式提问就是向对方提出一些答案范围较广的问题，使对方可以自由发挥，给出自己的答案。这种提问形式比较宽松，可以引发对方沟通的兴趣。所以，我们在沟通开始时就可以提一些这种问题。比如，可以问对方："听说你的老家是××市，那里的气候跟这里有什么不同呢？""在××公司工作的那段时间，让你印象最深刻的是什么？"这类开放式问题可以让对方愿意打开"话匣子"，沟通的气氛也会变得更加和谐。

2. 封闭式提问

与开放式提问相比，封闭式提问对于答案范围的限定要严格得多。也就是说，我们可以给对方一个思考的框架，让对方在有限的几个答案中进行选择。比如，我们用"是不是""能不能""对不对""多久""多少"之类的词汇来提问，就属于封闭式提问，它可以让对方的思路受到一定限制，并可以按照我们划定的思路来思考问题。

在具体沟通的时候，我们可以灵活运用这两种提问方式来掌控对话的进程，提升对方的兴趣，处理对方的异议，让对方逐渐被我们影响。

当然，为了更好地发挥提问的作用，我们还需要注意把握以下几条原则：

1. 提问要有明确的目的

在沟通过程中，我们要始终围绕自己的目的来设计各种问题，不要天马行空地胡乱提问。否则，会让对方感觉如坠云里雾中。同时，我们自己的思路也会被全盘打乱，最终沟通就会变成没有意义的闲聊，根本无法达到我们想要达到的目的。

所以，我们在沟通之前最好先设计一些问题，并设想一下对方的回答，然后挑选一些最有价值的问题，在沟通过程中适时地使用，这样就更容易实现我们沟通的目的了。

2. 提问要讲究语言艺术

我们在提出问题时，还要注意自己的表达方式。如果问题的表述过于复杂，就会让对方感到迷惑，并可能失去聆听的兴趣。所以，我们要注意做到提问时语言简单明确，让对方能够一听就懂，并可以激发对方倾诉的欲望。

另外，提问时的语言还应具备亲切和蔼的特点。我们不能使用生硬而咄咄逼人的语言来提问，以免让对方产生距离感。

3. 提问要看准时机

在沟通中提问还要找准恰当的时机，不能过早或过晚。过早提问会打断对方的思路，让对方感觉很不礼貌，也会影响问题的解决；过晚提问则会失去引导对方的最佳机会。所以，我们在沟通时，必须时刻把握对方的思路，并通过对方的表情、声音、语调等来观察对方的心态，然后及时提出我们的问题，使对方能够跟着我们的思路走。

4. 提问要因人而异

我们应注意根据对方的年龄、身份、地位、性格、文化素养等特点来设计不同的问题。比如，对于性格热情直爽者，可以单刀直入，直接问出我们关心的问题；而对于那些性格内向的人，则可以进行试探性的提问，逐步获得我们想要得到的答案；对于那些脾气急躁的人，我们可以采用迂回的提问方法，以免触怒对方，影响沟通的顺利进行。

需要提醒的是，我们在提问时，要注意避免提一些敏感性问题，以免让对方有被冒犯的感觉。比如，不能随意向对方提问一些与公司机密、经营秘方有关的问题，这会让对方对我们生出戒心，让沟通受到不利影响。另外，一些与个人隐私有关的问题也不宜刨根问底。像年龄、收入之类的问题，如果对方不愿意回答，我们也就不必再问。总之，提问要懂得适可而止，才不会招致对方的反感。

换一种说法让对方更易接受

俗话说："会说话如鱼得水，不会说话如履薄冰。"同样的一句话，由于采用的说法不同，有时能够让人心悦诚服，有时却有可能让人产生反感。所以，我们在说话时一定要讲究一些技巧，要采用更能够让人接受的说法来表达自己的意思。这样既能够减少很多不必要的矛盾和冲突，也能够让对方对我们生出很多好感。

某公司正在召开组织改革会议。在会上，领导号召大家踊跃发言，提出自己的观点。但只有少数人发表了一些看法，让领导感觉很不满意。于是，领导对年轻的员工朱祥说："小朱，这个问题你怎么看？说一说吧。"

朱祥完全没有想到自己会被领导点名，他的脸上露出了为难的表情。他吞吞吐吐地说："组织改革的问题我不太熟悉，也不属于我的工作内容……"朱祥没有注意到，他的推诿让领导脸上的表情越来越难看了。

领导不再理睬朱祥，而是将目光转向了另一位员工李建。领导大声说："小李，你来说一说！你不会也没有想法吧！"

其实，李健也没有什么好的点子。不过，他看到了领导脸上的表情，便小心翼翼地将自己的说辞换了个说法："这个问题确实有点复杂，但我心中已经有了一个大概的框架，我准备再思考一下，争取拿出一个详尽的方案。"

虽然李建表达的是同样的意思，但是领导却觉得他的态度更加积极，而且也很谨慎。所以，领导对李建点了点头，显得比较满意。

从这个案例中，我们可以看出，对于同样一件事情，我们在表达时应当选择更能让对方接受的说法，才能让对方信服和认可。

那么，在职场沟通中，有哪些话语需要换个说法来表达呢？

1. 带有命令性、强迫感的话语

如果我们希望说服上司、同事或下属，或是要求他们为我们做一些事情，就应当避免使用带有强迫感的语言。比如，对他们说"你应该如何如何""你必须如何如何"这样命令口吻的话语，就会让对方感觉我们非常强势，可能会让他们感到难以接受，而且还会影响我们与对方之间的人际关系。所以，我们有必要换一种说法，用更加缓和的语气来替代这种话语。

比如，我们可以这样说："我建议这样做……""我觉得可以这样做，你看行吗？"像这样带有商量性质的话语，就不会让对方觉得生硬，对方也更容易接受我们的意见。另外，像"当然""一定""不消说"这样带有强硬色彩的词语也有必要用"也许""大概""我认为"等委婉的表达方式来代替。

2. 带有强烈否定性质的话语

态度直白地否定对方，不但会让对方感觉非常窘迫，还有可能引起对方的抵触心理，会影响沟通的顺利进行。因此，我们不能直接否定对方，而应当巧妙地包装一下自己的说法，让对方能够接受被否定的事实，而且还不会产生记恨的心理。

比如，一位上司想要提醒下属注意态度傲慢的问题。他一开始想说："我希望你以后不要态度这么傲慢！"可是，这句话带有明显的否定性质，很有可能会激起下属的防卫心，导致沟通陷入僵局。因此，上司将自己的意见换了一个说法，他这样对下属说道："我觉得你很有自信，但是有时候好像有点过了头。我举个例子，你看是不是这样……"这样的说法带有欲抑先扬的技巧，让对方想要继续听下去，并且也没有偏离主题，能够达到教育下属的目的。

3. 表示强烈拒绝意愿的话语

在职场沟通中，我们可能会遇到需要拒绝对方要求的情况。在这时，我们也要注意自己的说法，不要用一句冷冰冰的"不行""不能"来拒绝对方，那很有可能会伤害对方的感情。其实，想要拒绝对方的办法有很多，我们完全可以用更加委婉的说法来提出自己的困难，让对方理解我们拒绝的原因，也就不会感到生气或受伤害了。

言语缜密不被人抓住把柄

在日常交际中，同样是说话，有的人由于词不达意而处处碰壁，有的人却口吐莲花而左右逢源。这是为什么呢？其实这就是言语的缜密性，前者言语不够缜密，经常被他人抓住"把柄"，后者言语谨慎小心，把话说得滴水不漏。在语言沟通中，无论是赞美他人，还是批评他人，我们都应该谨慎使用言语，把话说得滴水不漏，不给对方反驳的机会，不让对方有空子可钻，以缜密言语来影响他人心理。可是，在现实生活中，许多人不经过大脑思考就脱口而出，常常会因为言语中出现的漏洞而被对方反将一军，或者自作聪明地认为自己已经掌握了话语主动权，却在无意之间就让对方抓住了"把柄"，最终只能以惨败收场。所以，我们要努力把话说得滴水不漏，不让对方抓住"把柄"。

暑假期间，火车上十分拥挤。一位年轻姑娘中途上车，见两张对面座席上坐着三个年轻人，而边座正好空着，就走了过去问："同志，这儿没人吧？"对方回答："没有。"年轻姑娘于是放下东西，准备就座。不料，一个男青年竟突然把腿放到了座席上。姑娘一愣，问："你这是为什么？""因为你不会说话。"那个男青年故意刁难，"那么，请问该怎么说？"姑娘好意请教，对方眯起眼睛装腔作势地说：

"看来你是井里的青蛙，没见过多大的天地。让大哥告诉你。你得这样说：'大哥，这儿有人吗？小妹我坐这儿可以吗？'哈哈哈……"说完，肆无忌惮地狂笑起来。姑娘脸上一阵发烧，心里很生气，但转念一想："不对，有道是兵来将挡，水来土掩。你耍贫嘴，我难道没口才不成？"于是姑娘说："听你这一说，我确实没有见过你们这种独特的'礼貌'方式。不过，你们既然见过世面，又有自己独特的'礼貌'方式，见了我，就应按你们的'礼貌'方式办事才对。""你说怎么办？"男青年不解地问，"那还不容易？看见我来了，就该起身肃立，躬身致礼，说：'大姐，这儿没人，小弟请你赏脸，坐这儿可以吗？'咳，可惜呀，你连自己的'礼貌'信条都做不到，还想教训别人，真是土里的蚯蚓，一点蓝天都没见过！"

男青年自作聪明地卖弄口舌，没想到一番唇枪舌剑之后，他话语中的"把柄"却被姑娘抓个正着。最后，姑娘短短几句话，就反击了男青年的"谬论"，语气中透露了讥讽之意。出现这样的结果，就在于男青年没有使用缜密的语言，想到什么就说什么，最终败在自己的言语陷阱里。

一位美国记者在采访周总理的过程中，无意中看到总理桌子上有一支美国产的派克钢笔。那记者便以带有几分讥讽的口吻问道："请问总理阁下，你们堂堂的中国人，为什么还要用我们美国产的钢笔呢?"周总理听后，风趣地说："谈起这支钢笔，说来话长，这是一位朝鲜朋友的抗美战利品，作为礼物赠送给我的。我无功受禄，就拒收。朝鲜朋友说，留下做个纪念吧。我觉得有意义，就留下了这支贵国的钢笔。"美国记者一听，顿时哑口无言。

美国记者的本意是想趁此机会挖苦周总理，并且，他很想从周总理的回答中找出破绽。但是，面对这样犀利的问题，随机应变的周总理却回答得滴水不漏，"朝鲜战场的战利品"，这样的回答不但没有让记者抓住把柄，反而使记者颜面尽失。

1. 用好语言武器

有时候，沟通就是一场语言的战争，谁先露出了破绽，谁就先输了。因此，在沟通过程中，语言不仅可以为我们传情达意，而且还能够成为自己的防卫武器。一旦言语中有了空子，就给对方提供了反驳的机会，最后就有可能被对方抓住把柄。所以，为了打赢语言这场战役，我们需要谨慎使用一字一句，为自己筑起坚固的心理防卫，不让对方抓到把柄，牢牢把握胜利的机会。

2. 随机应变

有时候，面对对方咄咄逼人的问题，有可能你会乱了阵脚，于是，那些不该说的就脱口而出。在这样的情况

下，对方有可能会从你的话语中抓住把柄，并且伺机通
过言语攻击你。因此，在面对别人的提问时，我们要懂
得随机应变，把回答的话说得滴水不漏，让对方找不到
把柄。

第二章 说话会攻心，直接说到对方的心里

用关心的话语打动对方

在沟通中，情感是一种不可忽略的重要因素。它可以拉近沟通双方之间的距离，营造出一种和谐的氛围。所以，我们要学会将情感注入话语，表达出对对方的关心、爱护之情。这样就可以有效地消除对方的抵触心理，让对方愿意接受我们的建议或要求，并会对我们心悦诚服。

一家制造企业的部门负责人郑楠正在制订下周的加班计划。由于上级下达了一项非常艰巨的任务，郑楠认为从下周开始，全体员工每天至少要加班两个小时，才能在预设期限内完成所有任务。

可是，就在郑楠为新任务忙得焦头烂额的时候，一位女员工吴敏走进了他的办公室，告诉他准备请假三天。

郑楠对此有些不满。他正想开口拒绝吴敏，却又想起

吴敏平时对工作还是比较认真负责的，业绩也比较突出。于是，郑楠控制住了情绪，用尽量温和的态度关心地问吴敏："怎么了小吴，出什么问题了？有什么需要公司帮忙的吗？"

吴敏没想到郑楠会这样和蔼，有些吃惊地愣了一下。随后，她反应过来，老老实实地回答道："郑经理，实在是不好意思，我应该早点跟您提出申请的。我参加了一个在职培训班，下周五就要举行结业考试了。我想从周三就开始休假，这样我可以有两天时间用来复习。"

听完吴敏的理由后，郑楠思考了一下，带着为难的表情说道："小吴，你也知道我们部门刚刚接到了一个大订单，人手确实安排不开。这样吧，我给你批准两天假期，从下周四开始休息吧。"

吴敏本来以为郑楠会拒绝自己的请假要求，但现在居然获得了两天假期。她心中很是惊喜，连连向郑楠道谢。郑楠带着真诚的微笑对她说："你是我亲自招聘的员工，你的才华和能力我都非常欣赏，你对工作的态度我也看在眼里。现在你去参加培训，能力能够获得更大的提升，这对我们公司也是一件好事。所以，我会尽量支持你的。希望你能够通过考试，以后在工作岗位上做出更好的成绩。"

听着郑楠关心和鼓励的话语，吴敏十分感动。她主动提出周末会回公司加班，争取能够把自己请假期间耽误的工作全部补上。见她态度这样积极，郑楠也露出了欣慰的笑容。

在上述案例中，这位经理正是依靠不断注入情感因素，把关心的话说到员工的心坎上，才能深深地打动员工，并赢得了员工的信任和爱戴。最终，关于请假的棘手问题也得到了最理想的解决。

从这个案例也可以看出，如果我们想要在沟通中让对方信服，不但要学会"晓之以理"，还要学会"动之以情"。如果能够从情感上打动对方，我们就更能够让自己所说的话被对方所接受，也就更容易达到沟通的目的。

那么，我们应当如何在沟通时巧妙而恰当地注入情感因素呢？

1. 在沟通中进行情感投资

带着情感去沟通，可以帮助我们与沟通对象建立起相互理解、信任和友好的人际关系，并能够打下一定的情感基础，使得沟通中产生的一些棘手问题可以顺利地解决。特别是在我们与对方存在观点分歧的时候，如果能够做好"情感投资"——多关心一下对方目前的困境和难处，说一些关心的话语，就能消除对方的戒备和对抗心理。上述案例中的那位经理就是通过表达自己的关心——问问员工有什么困难，才让员工敞开心扉，而双方也能够开诚布公地讨论并解决问题，最终沟通才会取得这么理想的效果。

2. 提供出乎意料的情感关怀

心理学家通过研究发现，人们在接收到意想不到的情感投资的时候，最容易被深深感动。比如，突然承受到了巨大的关怀，或是在意想不到的时候得到了关心和照顾，都会让原本强硬的态度发生软化，而原本严密的心理防线也有可能被撼动甚至被突破。

曾经有一位业务员想要将某产品推销给一位大客户，但一直遭到客户的拒绝，客户甚至不肯花费时间去了解这款产品，让业务员感觉非常困惑。后来，业务员听说客户的孩子生病住进了医院，便马上带着妻子一起到医院探望，用关心的话语对客户及其家人嘘寒问暖，令客户感动不已。这份关怀之情完全出乎客户的意料，于是客户同意给业务员一个介绍产品的机会，一直难以推进的销售工作也因此获得了转机。

3. 以情感语言促进沟通

在沟通过程中，双方在心理上、地位上、立场上都会存在一定的距离。这会导致沟通的气氛越来越沉闷，并有可能影响到沟通的最终结果。为了改变这种情况，我们不妨使用一些充满情感因素的语言，以消除距离感，促进沟通进行。

比如，一位新员工刚刚进入一家公司，因为人生地不熟，他感到非常窘迫，也不知道该如何与其他员工沟通。这时，团队主管走过来，对该员工关心地说："小季啊，欢迎你加入我们团队，以后咱们就要一起同甘共苦啦。你看看办公桌上的这些物品，都是同事们帮你准备的。要是还有不够的东西，你尽管提啊。"这位主管只说了一句朴实的话语，却让员工感动不已，而且也让员工感受到了上司和同事的关心之情。这会让员工之前的尴尬感觉瞬间化为无形。之后，员工便能更快地适应环境，并和其他同事打成一片，由此也能够反映出以情动人所能产生的力量。

需要提醒的是，在沟通时注入情感因素一定要把握好"真诚""适度"的原则。否则，过于刻意、生硬地表达情感，不但无法感动对方，还会让对方怀疑我们的用心。结果，往往弄巧成拙。这种情况是我们应当注意避免的。

说话要抓住对方的好奇心

好奇心是人们普遍存在的一种心理。在遇到新奇的、神秘的事物时，人们就会充满热情地去主动探究。而在沟通的时候，如果我们能够在言语中抓住对方的好奇心，就能让对方对我们所说的内容产生高度的兴趣，他们会迫不及待地想要知道更多，而我们也能够借此拥有更多的话语权和发挥的空间，并最终能够成功地让对方信服我们所说的话语。

在下面这个案例中，推销员就是利用了巧妙的话语，一步步勾起了客户的好奇心，让客户情不自禁地对这个话题产生了浓厚的兴趣。

一天，一位人寿保险推销员到某公司拜访一位姓严的总经理。这位经理对保险推销比较反感，一见面就对推销员说："我马上要去开会，你有什么事尽快说，我给你 5 分钟时间。"

寿险推销员不慌不忙地说："严总，假如我这里有一辆五成新的奥迪汽车，想要卖给您，您愿意出多少钱？"

听到推销员的问题后，严总既惊讶又好奇："你不是来找我推销保险的吗，怎么又变成汽车了？我并不需要二手汽车啊。"

看到严总已经将注意力集中到自己的问题上，推销员露出了满意的微笑。他说："好吧，那我再问您一个问题。如果您现在坐在一艘正在下沉的小船上，生命遇到了危险，我可以帮助您，但前提是您要付给我一定数额的酬金，对您来说并不多，也就相当于一辆二手汽车的价格，那您愿意答应我的条件吗？"

严总这下更加好奇了："你的问题还真是稀奇古怪啊，不过挺有意思的，我的答案是'愿意'。"

见严总的兴趣非常浓厚，推销员这才将谈话拉回到正题，对严总揭开了这个悬念："其实，您大概也猜到了，我说的还是人寿保险。尽早投保可以获得一份保障，而且所费不多，您何乐而不为呢？"

接着，推销员又向严总具体地分析了一些险种和保障。由于严总已经对保险产生了兴趣，所以听得非常认真。后来，谈话虽然超过了5分钟，但严总仍然在兴致勃勃地向推销员发问……

在上面这个案例中，寿险推销员在与客户开始对话前，就已经意识到客户有比较强烈的抵触情绪。在这种情况下，如果推销员按照常规的形式说一些直白的推销用语，那肯定会让客户感觉兴趣匮乏。所以，推销员才会从客户的好奇心着手，故意问一些与销售无关的、听上去有些奇怪的问题。客户感到非常好奇，于是就会产生想要听下去的欲望，而推销员再进行一番巧妙的引导，就能够让客户对寿险产生兴趣了。

由此可见，我们想要引起对方的兴趣，并能够成功让对方信服，就可以采用这种说话方法——在对话中故意制造神秘气氛，向对方提一些奇怪的问题，引起对方的好奇心，使得对方的思路能够逐渐受到我们的引导。

除了这种利用提问引发好奇心的办法外，还有以下几种方法也可用来抓住对方的好奇心，让对方对我们的话语充满兴趣：

1. 刻意只提供部分信息

如果我们在职场对话中发现对方兴趣缺乏，就可以采用这种半掩半露关键信息的办法，只向对方提供部分信息，引起对方的好奇。这样一来，对方因为迫切想要知道另一部分信息，就会集中注意力认真倾听，有时还会迫不及待地主动追问。于是，我们就更能够掌握谈话的主动权了。

比如，一位系统工程师刚刚完成了对公司的一套核心系统的测试工作。可当他准备向自己的上司进行汇报的时候，却发现对方似乎对平铺直叙的工作总结不感兴趣。于是，工程师这样对上司说道："在这次测试中，我发现了一些比较严重的问题。"然后，他刻意在此打住话头，引起了上司的好奇心。上司果然好奇地问道："是什么问题？你具体说一说啊。"就这样，上司将全部的注意力都集中到了工程师身上，留心听他说的每一句话，而工程师的汇报也给上司留下了非常深刻的印象。在这里，这位工程师采用的就是"只提供部分信息"的办法，这种办法能够让听话者对未知的信息充满好奇，因而能够让沟通变得更为高效。

2. 利用"羊群效应"

"羊群效应"也叫"从众效应"，指的是人们很容易跟随大众的意见决策或行事。在职场沟通中，我们也可以利用"羊群效应"来勾起对方的好奇心。比如，我们在拜访客户时，可以这样告诉客户："很荣幸地告诉您，您选择的这款产品已经为您的很多同行解决了一个非常重要的问题。"这句话足够让客户产生强烈的好奇心，而"同行都在采用这款产品"也能够对他们产生"羊群效应"，使得好奇心被不断放大，让他们迫切想要知道产品到底解决了同行的什么重要问题。在这种情况下，我们可以再对其进行适当的话语引导，就能够让他们感到非常信服。

3. 用"价值"来激发好奇心

想要在沟通中激发对方的好奇心，还有一个很好的办法，就是故意在话语中显露出一点诱人的"价值"，让对方能够深受吸引，不由自主地想要获得更多的信息，从而可以为其博取更多的"价值"。

比如，一位人事部主管对总经理这样说道："我发现，将现有的薪金制度稍微改进一下，就可以节省大量的人力资源成本。"总经理一听到"稍微改进"和"节省大量"这样对比鲜明的词语，立刻就被勾起了好奇心，几乎是迫不及待地要求人事部主管将自己的想法做一番详细的说明，而人事部主管想要推动的薪金制度改革也得到了总经理的认可。

总之，好奇心可以帮助我们推动沟通顺利进行，可以吸引对方积极参与到对话中，也可以让我们赢得对方的信服。当然，为了达到这种效果，我们就需要在平时多多锻炼和提升说话的技艺，才能做到用巧妙的话语吸引他人的聆听兴趣。

使用激将法，得到好效果

所谓"激将法"，指的是在适当的时机，用一定的语言技巧对对方的自尊心、荣誉感进行强烈刺激，从而能够激起对方的逆反心理，让对方在短时间内变得非常积极主动，然后我们再进行适当的引导，就可以让对方更加愿意接受我们的要求。常言道："请将不如激将。"在职场沟通中，如果我们能够巧妙地使用激将法，往往能够得到意想不到的效果。

某公司正准备筹备一次规模盛大的年会。为了让活动办出新意，公司号召各个部门的员工集思广益，提出自己的方案。

一时间，公司各个部门的员工都在群策群力地讨论并制作方案，气氛可谓热火朝天。可是，客服部门的员工积极性却不高，大家照旧做着手边的工作，似乎认为年会策划这样的事情与自己没有什么关系。

客服部门的侯主管对这种情况很不满意。她借着午休的时间，将大家召集到一起，对大家说："我上午了解了一下，好几个部门都已经把年会方案上交给总部了。可是，我们的方案在哪儿呢？谁能告诉我？"侯主管的质问让员工们都觉得有点不好意思，他们低着头，一声不吭。

侯主管继续说道："为什么别人能做到的事情我们却做不到呢？是我们客服人员水平低、能力不够吗？还是说，我们客服部根本就是公司可有可无的一个部门？"

"不是！"一个声音打断了侯主管的话，侯主管循声看了过去，发现说话的是年轻的员工小冯。看到小冯脸上露出了不服气的表情，侯主管便趁势说道："小冯，你是××大学毕业的高才生，我本来以为你肯定能最先拿出方案，可没想到你也让我失望了。"

听到这里，小冯"蹭"的一下站起来，对侯主管说："侯主管，您放心，我马上就去做方案。后天，不，我明天就能把方案交给您！"有了小冯"带头"，其他员工也纷纷表示去做方案。侯主管见自己的激将法达到了效果，也露出了满意的笑容。

侯主管与员工沟通时所使用的方法就是"激将法"：通过有意识地褒扬第三者，成功地激起了员工们不服输的情绪，使他们变得积极主动，愿意马上去付诸行动，从而实现了普通的说服难以达到的效果。

不过，想要像侯主管这样成功地实施激将策略，就需要注意以下这些要点：

1. 注意"激将"的对象

实施激将法，首先要考虑到对方的身份、年龄、性格等特点。一般来说，激将法对于那些性格急躁、自尊心强、渴望证明自己的对象往往特别有效，因为他们很容易受到言语的鼓动而做出冲动的决策。可是，对于那些性格沉稳、谨小慎微的对象则不宜使用这种策略，因为这不但很难达到"激将"的效果，还很容易被对方识破而弄巧成拙。

2. 注意"激将"的时机

实施激将法，还需要看准时机。如果过早使用，时机不成熟，就会严重打击对方的信心，还有可能引起对方的反感，会对沟通造成不利影响。可要是过晚使用，"激将"就会变成"马后炮"，无法发挥应有的作用。因此，我们在沟通中，一定要仔细观察对方的反应。如果觉察到对方已经产生了不服输、不甘心的情绪，但又由于某些原因犹豫不决时，我们就可以用激将法来施加"推动力"，使对方变得积极主动起来。

3. 注意把握"激将"的分寸

激将法在运用时，要特别注意分寸。如果过于激进，在言语中过度贬低对方，给对方造成了强烈的情感伤害，就会造成反效果，会使对方恼羞成怒，沟通气氛也会变得更加紧张。严重时，还可能影响我们与对方之间的关系。不过，"激将"的力度也不能过小。否则，无法激起对方的自尊心、好胜心，对方无动于衷，"激将"也就失去了意义。

除此以外，实施激将法时，还应当注意自己的态度。要避免表现出蛮横无理的态度，以免激怒对方。所以，沟通高手们会在激将的同时，往往保持和气的态度和自然的表情，使对方即使受到"激将"也不会产生过多的愤怒、不满情绪，而这对于沟通的顺利进行是很有帮助的。

真诚表达歉意，求得对方谅解

在工作中，谁都无法避免出现错误。这时，我们不应该推卸责任，而是应当积极承认自己的错误。如果我们能够用充满诚意的话语向对方致以真诚的歉意，就能够打动对方，也能让对方愿意原谅我们的错误，并且还可能让对方对我们产生好感。这对于职场人际关系的维系很有帮助。

李明是某公司的一位部门主管。几天前，他因为工作上的一些事情，和一位女员工发生了激烈的冲突。当时，李明没有控制住自己的情绪，对女员工发了火，语气也很不客气，把那位女员工气哭了。

虽然这件事的责任确实在那位女员工，但事后李明却感到有些后悔。他觉得自己本来可以用温和的处理方式来解决这件事情，而且那位女员工平时也表现得比较敬业，对于自己的工作也能够胜任。李明总体来说，对她还是比较满意的，并不想把关系彻底搞僵。

在思考了一段时间后，李明决定向那位女员工郑重道歉。他觉得，自己作为管理者，出现了问题应该勇敢面对，而不应该采取逃避的态度。而且如果自己不放下身段，主动去沟通的话，那位女员工很可能会结下很深的心结，更有可能影响到她今后的工作态度。

于是，李明主动找到了那位女员工，态度和蔼地把她请到了办公室，还给她泡了一杯热咖啡，并真诚地对她说："那天是我的态度不好，我现在诚恳地向你道歉，希望你能谅解我。"

事实上，这位女员工早已认识到了自己的错误，也一直在想办法挽回自己留给上司的不良印象。现在，李明主动相邀，无疑是给她准备了一个"台阶"下，而且李明的态度这么诚恳，也让这位女员工非常惊喜和感动。她站起身来，带着局促的表情对李明说："不不不，其实是我做错了。我应该尽早弥补自己在工作中造成的失误，怎么能让您先给我道歉呢？"

李明微笑着说："在公司内，我们大家都是平等的。上级可以批评下级，同样，如果下级发现上级有做得不对的地方，也可以批评上级。只有我们大家都能接受别人的批评，认真改正错误，我们的团队才能不断进步。你说对吧？"

就这样，双方都拿出了足够的诚意，沟通也得以顺利地进行下去。随着谈话的深入，李明能够感觉到女员工的态度越来越积极了，她明确表示自己会立即改正之前的错误，今后也会加倍小心，不再给李明制造麻烦。这让李明的心情也变得愉快起来。

在这个案例中，李明能够认识到自己的错误，并愿意向下属表达真挚的歉意，使得下属被深深地打动，沟通达成了很好的结果。我们在遇到矛盾和冲突的时候，不妨学习一下李明的道歉态度和道歉技巧，让对方能够充分感觉到我们的诚意，愿意接受我们的歉意，从而能够轻松化解矛盾，并能够让我们获得对方的信任和好感。

为了让歉意能够获得对方的真心接受，我们还需要掌握下面这些道歉的技巧：

1. 道歉应当及时

在职场中，如果我们发现自己做错了事情，就应当及时向对方表明自己的歉意。我们不能推卸责任，也不能故意拖时间不去道歉。否则，会让对方产生误解。到时再想解开对方的心结，就更难了。因此，我们要学会及时道歉，以争取对方的谅解，避免把小问题扩大化。而且在我们道歉的话语中，除了要表达自己承认错误、不找借口的态度外，还要表现出愿意做出补救的积极意愿。只有这样，才能够让对方感受到我们的诚意。

2. 道歉的态度必须真诚

道歉并不是丢人的事情，我们完全可以大大方方、堂堂正正地去向对方表示歉意，而不应该故意遮遮掩掩地去道歉，或是在道歉的同时，还表现得极不情愿，那只会让道歉产生反效果。对方不但不会接受这样的道歉，还会认为我们缺乏诚意。这会对我们的人际关系造成不良的影响。

3. 学会使用道歉的语言

为了让道歉的语言更加动听，我们平时可以学一学道歉的多种表达方法。比如，在我们感觉愧对他人的时候，可以跟对方说"深感歉疚""非常惭愧"之类的道歉话语。而在我们希望获得他人谅解的时候，可以跟对方说"请您原谅""请多包涵"之类的道歉话语。另外，如果我们在工作中给对方增添了麻烦，耽误了对方的时间，为了表示歉意，则可以说"打扰了""麻烦您了"之类的道歉话语。

此外，我们还可以使用一些常用的道歉语言，如"对不起""不好意思""失礼了"等。我们可以根据具体的场合和不同的对象，恰当地使用这些道歉的语言。

需要提醒的是，道歉也需要把握尺度。在职场中向对方表达歉意，可以在对方接受后就停止，而不宜过度自责或夸大自己的责任。否则，如果遇到对方"得理不饶人"的情况，就会让我们陷入比较尴尬的境地，而且我们也可能在对方眼中成为懦弱可欺的对象，对方有可能会利用我们的歉意，提出很多无理的要求。因此，我们要注意道歉以点到即止为佳，而且道歉的语言也应简短有力，不宜啰唆、冗长。

用煽情的话语去激励他人

在职场中，我们还可以用煽情的话语去感染和激励他人，从而营造出一种充满激情的氛围，让人们感觉充满干劲。这种煽情励志的方法特别适用于团队管理者。我们在管理员工时，就不妨适时地加入一些煽情的元素，增强员工的勇气和信念，激发他们的进取心和执行力，让他们的工作效率更高，也更愿意接受和服从我们提出的各种指令。

韩先生是一家物流公司的负责人。近年来，物流公司蓬勃发展，很多新涌现的公司纷纷推出了各种优惠政策，以抢夺有限的客户。韩先生的公司规模只能算是中等，没有什么价格优势，在众多公司挤压的夹缝中艰难求生。不少优秀的客服和配送员都选择了离职，剩下的员工士气也不高。对此，韩先生看在眼里，急在心上。

为了改变现状，让员工重拾信心，韩先生亲自来到各个部门，和员工们握手谈话。他用富有感染力的话语对员工说："大家都是和公司一起成长起来的老员工，让我们一起回忆过去公司刚起步的那段艰难岁月吧。那时候，情况要比现在危急得多。可是，我们每个人都是那么拼命，从各部门的经理到各位客服都能做到全力以赴。那时，公司基本没有固定的客户。现在，却已经有了稳定的大客户群体，还在本地市场打造出了公司的品牌。这一切成果都要归功于大家的艰苦努力。我在这里向大家表示最诚挚的感谢，并恳请大家不要放弃公司。我坚信，只要我们能拿出和以前一样的拼搏精神，渡过现在的难关，公司就能重新走上正轨，再现过去的辉煌，并且还会比过去发展得更好。到时，公司也一定会拿出丰厚的回报来感谢大家，相信绝对不会让大家失望的。"

韩先生这一番感人肺腑的煽情激励做得非常有效，员工们情不自禁地被他的话语打动了。有的女员工回忆起初到公司的情景，甚至感动得泪流满面。员工们纷纷表态，请韩先生放心，一定会拿出百倍的热情把工作做好。

韩先生用煽情的讲话完成了对员工内心的冲击和碰撞，点燃了潜藏在员工内心深处的热情和火焰，使他们恢复了信心和勇气，整个企业内部也呈现出一种斗志昂扬的氛围。

不过，煽情要想像韩先生这样做得成功有效，还是需要一定智慧和技巧的。因为对于情感坚定，不容易受到感染的对象来说，突如其来的情绪放大会使他们觉得不适，而且不合时宜的煽情也会引起他们的反感。所以，我们一定要注意煽情使用的时机、场合、方式等。只有恰到好处、实际准确，才能很好地撩拨对方的心弦，达到我们沟通的目的。

1. 抓住煽情的时机

（1）在一些比较正式而隆重的场合，人们的情绪很容易进入亢奋状态，这时就是煽情的良好时机。比如，在一些参与人数众多的大会上，我们可以借着大家情绪最为热烈的时间点，巧妙地将激昂奋进的情绪和情感释放出去。这时，人们就很容易受到影响，产生与我们相同的激情感受和体验，容易按照我们设定的方向去行动。

（2）另一个适合煽情的时机是在人们普遍情绪低落的时候，这可能是因为企业或团队遇到较大挫折，大家产生失落感和危机感所致。这时，非常需要我们用煽情的话语来使大家重新鼓起信心和勇气，停止怀疑自己，并重新找到前进的方向，不至于让工作失去原有的质量和水平。

（3）当员工表现出对职位、发展空间等的强烈渴望时，作为管理者，也可以伺机进行煽情激励，鼓舞员工努力追求美好未来，实现自己的远大理想。因为有员工自己的欲求作为导向，所以在煽情时就特别容易触动其心灵。

2. 了解煽情的对象

煽情的手段并不适用于任何沟通对象。比如，有的对象性格比较内敛，思维又非常严谨，很难被感性化、情绪化的言语打动，对他们进行煽情激励，不但很难使他们受到鼓动，反而可能令他们厌恶，认为我们非常虚伪，只会说大话、套话。因此，对于这种对象就不适于采用煽情的手段。

不过，有的沟通对象性格比较外向，平时表现得活泼热情、情绪外放而张扬，对他们进行煽情就比较省力，有时甚至只要稍加言语煽动就能将他们的激情点燃。只不过他们的热情虽然丰富，却不够稳定，而且很容易因为头脑发热而做出不妥当的行为。这时，我们又要注意提醒他们及早清醒。

3. 组织好煽情的语言

语言在煽情的过程中起着举足轻重的作用。组织好富有煽情色彩的语言，将是激励成功的基础。而这其中必不可少的是一些热情澎湃、富有积极意义的语言，也正是人们所期待的，他们能够很容易地理解我们的意图并受到感染。这时，我们再适当地使用激励的语气，就能完全让他们的情绪活跃起来。

需要提醒的是，煽情并不是越多越好。如果煽情已经达到了激励的目的，就应及时停止，否则过犹不及。而且我们也应当注意煽情要发自肺腑，切忌口水式、表演式的煽情。如果连我们自己都不信煽情的内容，就更不可能让别人受到触动，煽情也就会变得毫无意义了。

用动人的话表达谢意

在获得他人帮助的时候，一声真诚的"谢谢"能够让对方获得一种满足感和愉悦感，他们会认为自己的付出得到了应有的回报。这样一来，在下一次我们需要帮助的时候，他们仍然会无私地伸出援手。

其实，这样的道理我们每个人都明白。可是，到了职场中，人们却并不经常表达谢意。据一项调查显示，人们会经常性地对自己的家人、朋友甚至点头之交说声"谢谢"；可对于每天朝夕相处、一起奋斗的同事，人们却常常吝啬于表示谢意，以至于职场中互相道谢的次数甚至不足其他场合的三分之一。美国宾夕法尼亚州的一些专家还发现，每天只有10%的成年人会对自己的同事说"谢谢"，而对上司说"谢谢"的人数则更少，大概只占被调查总人数的7‰。

之所以会出现这种情况，可能是因为大家更希望在职场中保持一种礼貌而疏远的距离。可若是职场中完全不表达感谢之情，就会让我们工作的空间变成一片冷漠的地带。

张先生是一家私营企业的老板。在国庆节前夕，他的公司接到了一个来自美国某公司的订单。为了按时完工发货，张先生召集全公司员工，开了一次动员大会，号召大家克服一切困难，放弃国庆假期，争取加班加点把产品赶制出来。

员工们出于对公司的热爱，纷纷响应张先生的号召，留在公司废寝忘食地工作，最终用了一个星期的时间完成了订单任务。张先生在如期交付产品后，得到了客户的高度赞赏，而他也高高兴兴地为员工们发放了加班津贴。

可是，让张先生不理解的是，有不少员工虽然拿到了加班费，却显得情绪不高，工作态度也没有之前那么积极了。他带着疑问找来了人事部经理，想弄清楚到底是哪里出了错。

张先生对人事部经理说："这段时间，大家的劳动积极性不高，是我们的加班津贴发得不够吗？你看看有什么需要改进的？"

人事部经理想了想，回答道："我觉得不是薪水的问题，而是我们没有向员工表示谢意。他们付出了努力，牺牲了自己的休息时间，为公司做出了贡献，我们至少应该对他们说声'谢谢'。特别是对一些贡献突出的员工，更要重谢。"

张先生听完，十分惊讶："我给他们发的津贴不就是感谢吗？"

人事部经理连连摇头："那不一样，很多员工更看重精神层面的认可。如果您能真诚地对他们说声'谢谢'，一定会让他们更加满足，也能够增强他们对公司的归属感。"

人事部经理的建议让张先生陷入了沉思。后来，他决定接受这个建议。于是，他亲自来到办公室和车间，与每一位努力付出的员工热情地握手，并真诚地对他们说："辛苦了，我代表公司向你们表示感谢！"接下来，他还组织了一次盛大的表彰活动，在全体员工面前，向几名表现突出的员工致谢，还给他们颁发了荣誉称号，让员工们感动得热泪盈眶。没过多久，张先生发现员工们的工作积极性提升很快，公司的氛围也越来越温暖和谐了。

张先生的经历告诉我们，在职场不能没有感恩文化。所以，我们应当学会把"谢谢"挂在嘴边：经常对同事表达谢意，能够让对方对我们充满好感，有助于构筑起彼此信赖的合作关系；经常对下属表达谢意，能够让对方更加自信和满足，会让他们充满无穷的干劲；经常对上司表达谢意，能够让对方明白自己栽培人才的苦心没有白费，会让上司对我们刮目相看。

因此，我们应当学会感谢，而且一定要用最动人的话语将自己的谢意表达清楚，要让对方能够真真切切地接收到我们的感激之情。

1. 用自然的语言表达谢意

我们在表达感谢之情的时候，一定要注意使用自然的语言，清晰地表达出自己的意思。说话时，语速可以略慢一些，语调可以和平时一样，注意言语不要含糊、一带而过，也不要吞吐、扭捏，那样会给对方做作的感觉。

当然，在致谢时，我们还应注意不要用很夸张的语言来表示谢意，那样也会让对方感觉不真实。

2. 在道谢的同时表现出真诚的态度

在向对方表达谢意的时候，我们可以用真诚而专注的目光注视着对方的双眼，同时配合微笑的表情，通过眼神、表情的交流来增强自己的表达效果，使对方能够更好地感受到我们的诚意。

另外，如果对方不反对的话，我们还可以一边握住对方的手一边表示感谢。手掌传递的温度和力量也能够提升我们表达的效果，可以让对方被我们深深打动。

3. 在道谢时可以提到对方的名字

沟通专家们已经发现，如果我们能够在感谢的时候提一提对方的名字，效果就会胜过简单的一句道谢，因为人们对含有自己名字的信息往往非常敏感，也容易产生深刻的印象。所以，"谢谢你，刘主管"这样的话语就要比单纯的"谢谢你"更容易打动对方。

尤其是在我们与对方还不是很熟悉的情况下，在道谢的时候提到对方的名字，就会让对方感到非常惊喜，而道谢的效果也就会变得更加理想。

第三章　言语配表情，为对话锦上添花

用美妙的声音增光添彩

想要让他人信服自己，除了要掌握说话的技巧外，还要注意发出好听的声音。因为声音可以为我们的话语增光添彩，同样的一件事，用饱满圆润、悦耳动听的声音来讲述就要比沙哑难听的声音更受人欢迎。所以，我们平时一定要注意采用正确的发音方法，并多进行提升音质的练习，才能让自己一开口就能使对方受到感染。

杨媛媛是一家电话销售公司的明星销售员，她每个月的销售业绩都名列前茅，让其他同事非常羡慕。有的同事向她询问秘诀，可是杨媛媛自己也说不清楚。她告诉大家："我采用的就是公司教给我们的基本话术，确实没有什么特别的地方啊。"同事们半信半疑，可是听过几次杨媛媛与客户的沟通后，发现确实如此。那么，杨媛媛为什么会特别受客户欢迎呢？

后来，还是销售部门的李经理找到了原因。他把杨媛媛亲口说的"您好，欢迎您致电××公司"这句话录下来，再和其他员工所说的同样的话进行反复对比，发现杨媛媛的声音特别好听，她的发音非常标准，吐字也很清晰，而且声音婉转悠扬，富有磁性，让客户一听就想继续听下去，能够给客户留下深刻的印象。与杨媛媛的声音相比，其他同事的声音就显得平淡乏味多了，难怪他们打电话给客户有时连开场白都来不及说完就被挂电话了，更别提达成销售任务、提升业绩了。

从那以后，李经理就安排大家多多向杨媛媛学习，注意训练自己的声音，让自己也能用动听的声音留住并打动客户。一段时间以后，很多员工的销售业绩果然都有了明显的提升。

上面这个案例说明了声音在职场沟通中的重要性。拥有悦耳动听的声音，我们将能够获得更多的与对方沟通的时间和机会，也能够为我们赢得无形的收获好感的优势。那么，我们如何通过训练来让自己的声音变得更加好听呢？

1. 练习准确的发音

发音准确清晰，是我们能够与他人顺畅沟通的基础，而这就要求我们注意清楚地吐字，要把每个字的声母、韵母、音调念准，进而可以把常用的汉字音节读准。我们在发音时，不要含含糊糊，也不要发错音、读错字。否则，会让对方听不清、听不懂，弄不明白我们要表达的意思，就更谈不上被我们打动或说服了。

为此，我们平时可以进行发音的练习，如声音从高到低、从长到短发"啊"音，然后练习准确地说一些常用的词语。另外，我们还可以练习说绕口令，如"八百标兵奔北坡，炮兵并排北坡跑，炮兵怕把标兵碰，标兵怕碰炮兵炮"，以及"六十六岁刘老六，修了六十六座走马楼，楼上摆了六十六瓶苏合油，门前栽了六十六棵垂杨柳，柳上拴了六十六个大马猴。忽然一阵狂风起，吹倒了六十六座走马楼，打翻了六十六瓶苏合油，压倒了六十六棵垂杨柳，吓跑了六十六个大马猴，气死了六十六岁刘老六"等。这是一种很好的锻炼和纠正发音的方法。在具体练习这些绕口令的时候，我们不要单纯追求速度，而是应当要求自己将每一个音都尽量发准确。

2. 练习声音的共鸣

在我们发音的时候，声带能够产生的音量其实是很小的，绝大部分音量需要通过咽喉、口鼻、胸腔的共鸣放大而产生。如果我们能够正确地运用这些共鸣腔，就能让声音变得更加饱满、圆润、富有磁性。为此，我们在发音时，要注意自然地放松和舒展咽喉、胸部，伸直脊柱，使声音能够不受阻碍地发出，再通过共鸣腔"加工"后就能变得更加悠扬动听。

另外，我们平时可以经常做做"张口闭口"的练习，这样可以使咀嚼肌得到充分的活动，能够更好地发挥口腔共鸣的作用。此外，我们还可以经常模仿牛的叫声，大声发"哞"［读音：（mōu）］的音，然后感觉鼻腔的震动，并注意在说话时调整音量，以更好地发挥鼻腔共鸣的作用。

3. 练习发音的气息

练声之前还要学会用气，因为气息能够决定我们发音的力度。气息不足，声音就会有气无力，听上去似乎很没有精神，也无法让对方受到感染。但要是气息使用过度，用力过猛，又可能损坏声带，使声音变得嘶哑难听。因此，我们一定要掌握使用气息的窍门。

为此，我们平时可以多做吸气、呼气的练习。比如，可以采取站立的姿势，双手叉腰练习吸气、呼气。吸气的时候要深吸，使小腹收缩，整个胸部要撑开，以尽量吸入更多的气流。呼气则要慢慢进行，可以小口小口地吐气，同时感受自己腹部的变化，体会一下如何在气息最稳定、状态最轻松的情况下就能发出清晰好听的声音。然后，以此为基础，找到最适合自己的气息调节方法。

除此以外，我们还应当注意，想要让声音富有感染力，还要注意配合自己想要传达的情绪，让声音表现出高低、强弱、刚柔之类的各种变化，而不要总是用一成不变的声音来沟通，这会让对方听得昏昏欲睡。

总之，动听的声音是可以通过训练来获得的。如果我们能够坚持不懈地进行练习，就会逐渐发现自己的声音变得越来越圆润、响亮、动听了。那么，这时我们与他人沟通，或是想要说服对方接受自己的意见的时候，就会更容易让对方被打动，并让对方感到信服了。

语气得体才能被对方接受

语气就是说话时的口气，它可以流露出我们内心的感情色彩，表现出我们对所谈内容所持的态度，像严肃的口气、温和的口气、喜悦的口气、责备的口气等。当我们在与他人沟通的时候，有时一句话用不同的语气说出来，会有截然不同的效果。如果语气得当，能够让人愿意接受、容易信服。但若是没能把握好恰当的语气，就会让人听得不高兴，甚至还会听得气恼。

魏经理平时很不注意说话的语气，在对同事分派任务的时候，他经常使用严厉的语气。下属们常会听到他说"××事情已再三延误，本周内再不完成，后果自负"这样的强硬话语，让他们噤若寒蝉。虽然下属们都能按照魏经理的指示去完成任务，可他们心中并不服气，还时常在背后嘀咕，说魏经理不近人情、不尊重下属。

一天，魏经理收到了来自下属小徐的一份报表。他检查了一下，发现有一个比较重要的数据被小徐点错了小数点。魏经理非常生气，用嘲讽的语气对小徐责备道："你的大学毕业证是买来的吧？你的数学是体育老师教的吗？你平时都在干什么？这么点小事都做不好！"

小徐也是部门的老员工了，他平时兢兢业业，很少会出现错误。可就是偶然出现的这一点纰漏，竟然让他遭到了这样的冷嘲热讽。小徐气得满脸通红，但他没有与魏经理争辩，而是抓起那份报表，当着魏经理的面，把它撕得粉碎，然后头也不回地离开了。

第二天，小徐留下了一封辞职信，不告而别。可是，他手头还有一些未完成的方案。魏经理不得不安排其他员工接手，并一度被这些事务弄得焦头烂额。直到此时，魏经理还不知道自己做错了什么。他纳闷地想：我就是随口批评了他几句，他至于发这么大脾气，直接辞职走人吗？

在这个故事中，魏经理在讲话时不注意自己的语气，总是表现自己强硬的态度，让下属们怨声载道。而且他还用嘲讽的语气批评下属的错误，让下属有一种受到了侮辱的感觉。结果，下属在愤怒中选择了辞职，魏经理也为此付出了不小的代价。

这样的故事也提醒我们，在职场说话时一定要注意把握好自己的语气，要让自己的语气听上去得体而恰当。只有这样，自己所说的话才能被对方充分理解和接受，也才能够达到我们沟通想要达到的预期效果。

那么，我们在运用语气的时候要注意哪些原则呢？

1. 学会使用委婉的语气表达自己的态度

同样的意思用不同的语气来表达，会让听者产生不同的心理感受。为了更好地让对方感知我们的态度并愿意接受我们的意见，我们应当学会使用比较委婉的语气，而不是强硬的语气、讽刺的语气。

比如，办公室里有两位同事发生了矛盾，开始争吵。我们想要表达否定的态度，并劝止他们的争吵，就可以用委婉的语气对他们说："你们这样大声争吵，影响不太好吧。"这样的语气不但不会触怒对方，还能够引发对方的思考。但如果我们采用了强硬的语气"别吵了，你们这样影响太坏了"，或是讥讽的语气"这点小事你们都能吵，真了不起"，则会让对方感到很不舒服，很有可能会惹恼对方，酿成新的矛盾。所以，我们在开口表达前应当揣摩一下各种语气可能带给对方什么样的感受，然后尽量选择委婉好听的语气来表达自己的态度。

2. 学会恰当地使用语气词

常用的语气词有"的""了""吗""呢""吧""啊"等，它们可以被用于一句话的结尾处，能够加强我们说话的语气。我们在使用时，可以恰当地选用语气词来表达自己的意见或要求，让对方更加愿意接受。

比如，我们想让同事帮忙复印一份文件，就可以在

"帮我复印一下文件"后面加上一个"吧"的语气词。这样一来，就变成了"帮我复印一下文件吧"，听上去商量的语气会更强，也更容易让同事接受。再如，我们想要表达一种十分确定的态度，也可以用语气词"的"来产生加强效果。比如，"我不会忘记的"这句话就要比"我不会忘记"的语气更加强烈，也更能让听话者感到信服。

3. 根据不同的场合、对象调整语气

在运用语气时，我们还要考虑到不同的场合、不同的对象的语言交流特点，做到适时、适地，才能让语气听上去更加妥帖。比如，在一些公开演讲、辩论赛、正式会议等严肃的场合，我们就应当采用严肃的语气，同时要避免态度轻浮的语气。而在一些非正式的场合，我们则要多使用温和的语气，以拉近和对方之间的距离，便于进行无障碍的沟通。

另外，在运用语气时，还要注意观察沟通对象的情绪和精神状态。如果对方正处于愤怒的状态，我们采用轻松的语气反而会增强对方的不满，让沟通更加无法正常进行。再如，对方正处于兴奋的状态，我们采用生硬、严厉的语气就无异于向对方泼了一盆冷水，也会让对方感觉不快。所以，应当采用何种语气，我们应当谨慎考虑，才能够让对方听得进去，而不至于被我们触怒。

掌握好语速让话语更有感染力

在职场沟通的时候，我们还要注意采用适当的语速和节奏。因为语速过快、节奏过于急切，就会影响我们表达的清晰度，可能让对方越听越迷糊。但语速若是过于慢条斯理，节奏也缺乏变化，则会让对方失去听下去的耐心。因此，想要让自己所说的话被他人信服，就一定要掌控好最佳语速和节奏。

某大型企业的总经理魏总一直被自己说话的问题所困扰。无论是做演讲还是开大会，魏总都发现自己所讲的内容无法让听众产生兴趣，他经常一边讲话一边看到听众在不断地打哈欠、看手表。这让他心里很不舒服，可又不知道如何才能改进。

后来，魏总找到了一位知名的演讲大师，请他帮忙为自己的讲话问题做个诊断。正巧魏总要为自己新开业的商场做开幕演讲，演讲大师便亲自前往，认真地旁听了一番。

当天，魏总按照自己平常的说话风格，将预先准备好的讲稿内容完完整整地讲述了一遍。这篇讲稿是魏总事前花费很多心思才准备好的，内容可以说是非常精彩，也很富有煽情的力量。可遗憾的是，演讲效果仍然不佳，在场听众都是一副不感兴趣的样子。

演讲完毕，魏总带着沮丧的表情向演讲大师征求意见。大师问了他一个问题："你的演讲原本计划需要多长时间？"魏总诧异地回答："20分钟，怎么了？"

大师指着手表上的时间说："可你用了35分钟才讲完所有内容。你知道这是为什么吗？"魏总惊讶地说："真的吗？为什么会多花这么长时间呢？"

大师语重心长地说："我们平时说话的语速大概是每分钟160—180字，演讲时速度可以略慢一些，大概每分钟120—140字比较适合。可是，你知道你的语速是多少吗？我刚才简单测量了一下，你大概每分钟只能说60—80个字，这个速度就像是唱催眠曲的速度，再加上你讲话时缺乏节奏的变化，你说听众能不犯困吗？"

魏总听到这里，有种豁然开朗的感觉。那位演讲大师又将一些商界伟人如苹果公司创始人乔布斯的演讲视频放给魏总做对比，让魏总去感受语速的作用。魏总不得不承认，只有采用适当的语速加上富有变化的节奏感，才能够提升语言的"气场"，让听众感觉到信心、能量，并能够让听众信服自己所说的话语。

魏总的亲身经历告诉我们：哪怕是再精彩的内容，如果不通过适当的语速和合理的节奏来表达，其效果也会变得平庸乏味。所以，我们一定要学会控制自己讲话的语速和节奏，才能让对方听得舒服并有可能感到信服。

1. 根据说话的内容调整语速

在日常工作和生活中，如果我们想要交流一些普通的信息，就可以采用适中的语速。如果在叙述过程中，遇到需要强调的地方，可以适当说慢一点。但是，遇到紧急情况时，则不能慢悠悠地说话，而应当以较快的语速将要说的内容清楚地表达出来。

另外，如果我们在与人沟通时想要表示反对的意见，也可以采用较慢的语速，以突出自己不认可的态度。但若是要表达赞同的态度，则可以采用轻快的语速配合愉快的语气，使对方能感受到我们积极的情绪变化。

2. 根据谈话的对象调整语速

在与不同的对象沟通时，也要注意采用不同的语速和节奏。比如，我们在与上年纪的人沟通时，就要考虑到对方听力退化的因素，将语速适当放慢，同时音量也要适当加大，以保证对方能够听清楚我们要说的话。而在与耐心、注意力较差的年轻人沟通的时候，我们的语速则可以稍快些，要争取以最短的时间将自己要表达的问题说清，以免对方失去耐心，不愿意再听下去。

为了能够在语速方面运用自如，我们可以在平时加强自我训练。比如，在与他人沟通或做演讲、做报告的时候，可以录下自己的声音，并在事后反复回放，以测试自己的语速是否能够让听者接受。另外，我们还可以请朋友和同事对自己的语速、节奏等进行评判，或是可以在对话期间直接询问对方"我是不是说得太快了/太慢了"，然后根据对方的意见来调节自己的语速，以更好地满足对方的需要。

3. 在适当的时候停顿以控制节奏

在沟通时，我们还应当注意避免缺乏节奏变化的连珠炮式的表达，因为那会让对方完全找不到思考的空间，也会让对方感觉烦躁。所以，在说话时要注意适当停顿。一般每个较长的句子应当停顿4—5次，给对方留下反应和思考的时间，说话的效果才会更好。

比如，我们在表述完一个重要的意见后，就可以有意识地稍作停顿，以引发对方的主动思考。再如，为了激发对方的兴趣，我们也可以先设置悬念，再巧做停顿，使对方在好奇心的驱使下想要听到更多的内容，我们沟通的目的也就更容易达到了。

除此以外，我们还可以通过控制说话节奏、语气来传达不同的情感。比如，用急促的节奏、激昂的语气表达激动的情绪、紧张的心情，用缓慢的节奏、低沉的语气来表达悲伤的心情、低落的情绪等。只要我们善于表现，就能够让对方也情不自禁地受到我们的感染，获得某种相应的情感体验，这往往可以让我们说出的话语更能被对方所信服。

迷人的微笑让人愿意亲近你

我们在职场中沟通与交流时，应当学会用微笑来为我们的说服力"加分"。恰到好处的微笑能够增强我们的亲和力，容易在说话时让听者感觉愉悦，也可以让对话气氛变得更加轻松。特别是在听者对我们怀有戒备心理的时候，充满真诚的微笑可以让听者减少不少敌意，对我们敞开心扉，而我们所要传递的信息或意愿就更容易让听者接受，使其产生信服的心理。

推销员小林为了推销自己的新产品，选择了一家公司，定期上门拜访。不幸的是，这家公司的员工见多了各种各样的推销员，对于那些千篇一律的推销话术早就感觉十分厌烦。所以，当小林走进办公区时，几乎没有一个员工愿意接待他。

在这种情况下，小林仍然保持着平静的心态。他礼貌地问道："对不起，打扰一下，我是××公司的业务员，我们公司的产品非常适合贵公司，我想知道我是否可以和经理面谈一下？"

一位员工从面前的文件中抬起头来，冷冷地对小林说："经理不在，我们也不需要你的产品，请你离开吧。"

小林并没有灰心，他带着亲切的微笑对员工说："好的，那我下次再来拜访。谢谢您。"说罢，小林给员工递上了一张名片，然后就离开了那家公司。

在他走后，那位员工反而觉得有些后悔了。他自言自语道："这个小伙子很随和，我要是对他客气一点就好了。"

第二天，在同样的时间，小林又一次来到了公司。他微笑着和那位员工打招呼，对方也用微笑来回应他，还好心地提醒他："经理确实不在，你不用再浪费时间了。"可是，小林并没有变得沮丧，他微笑着向那位员工道谢，还送给他一份小礼物——一个小小的便笺本，然后又离开了。

一连好几天，小林都会在同样的时间到访。虽然一直没有见到经理，但他表现得还是那么温和、亲切，以至于其他几位员工也开始和他打招呼了。更加幸运的是，在员工们的帮助下，小林也终于得到了和经理面谈的机会，并最终成功地说服了经理，与自己的公司签订了一份大的订单。

微笑可以改变我们身处的环境，改变他人对我们的看法，能够为我们赢得更加和谐的人际关系，并能够让我们获得更加强大的说服能力。所以，我们一定不要忽略微笑这种最简单也最迷人的表情，要学会用微笑来拉近自己与他人之间的距离，并能够用微笑来更好地传情达意，使他人更加信服自己。

当然，微笑看似简单，在应用时却并不容易。要想产生理想的效果，我们就需要掌握一定的技巧。

1. 微笑要做到自然大方

笑容有很多种，我们想要呈现给他人的应当是友善的、亲切的、文雅的微笑，而不能是不自然的假笑、苦笑、怪笑等。为了给他人留下最好的观感，我们可以在平时对自己的笑容进行一定的训练。

在具体训练时，我们可以先闭上眼睛，调动情绪，让自己尽量在脑海中回忆一些美好的事情，再发自内心地微笑。然后，我们可以对镜观察，看看自己在微笑时是否存在肌肉过于僵硬、表情不够自然的问题。之后，我们可以放松面部肌肉，让自己露出一个最为优雅、动人的微笑。最后，我们还可以请他人对我们的笑容进行评价，这也可以帮助我们克服羞怯心理，露出更加大方的微笑。

2. 微笑要注意真诚

想要感染和打动对方，就要注意微笑应出于真诚，而不能带着敷衍的心情去伪装微笑。因为只有真诚的微笑才能让对方感觉亲切和温暖，才能引起对方的共鸣。比如，在工作岗位上需要对顾客微笑。这时，我们就可以把顾客当成自己的朋友，这样就能很自然地向他们发出真诚而礼貌的微笑了。顾客看到这种真诚的笑容，也会生出不少亲切感，而不会产生强烈的排斥心理。

3. 微笑要把握时机

微笑虽然非常重要，但也不是越多越好。我们在与他人沟通交流时，要学会收放自如地微笑，并要注意把握微笑的时机。比如，我们在与对方的目光直接接触的时候，就可以展现一个迷人的微笑，这能够促进心灵的互动。这个微笑可以保持 3 秒的时间，时间不宜过长。也就是说，我们不必一直保持微笑的状态。否则，会让对方感觉我们是在假笑。

此外，微笑还要注意场合。如果在气氛庄严、悲痛的公众场合微笑，显然是不合时宜的。而在会议上讨论重大政治、商业问题的时候，也不适合动辄微笑。否则，会给人以不庄重的感觉。所以，微笑前一定要学会分辨人际关系和场合，才能做到恰如其分。

用眼神去传情达意

在沟通中，我们应当重视眼神交流的重要性，因为"眼睛是心灵的窗户"，眼神不但可以传递出很多隐含的信息，还能够表达我们内心的情感。适当运用眼神去传情达意，既能够让我们的谈话氛围更加愉快，又能够引发对方讨论的兴趣，让对方更加愿意听我们说话。

应届毕业生郭瑞获得了一个难得的面试机会，到一家大型企业参加面试。郭瑞怀着紧张的心情，走进会议室，看到对面坐着的面试官共有三位。其中座位居中的面试官是一位四十多岁的中年男子，看上去十分沉稳老练。郭瑞心想，那一定是今天的主考官。于是，他让自己冷静下来，先礼貌地向各位面试官问好，然后就用自然、真诚的目光看着那位主考官，等待对方提出问题。

主考官对于郭瑞落落大方的表现显然很是满意，他微笑地注视着郭瑞，向他询问了一些基本的信息。郭瑞之前为这次面试做过充分的准备，此时便胸有成竹地回答起来。在回答问题的过程中，他没有忘记时刻保持与面试官的眼神交流。除了主要与主考官进行眼神沟通外，也兼顾到另外两位面试官。而且他还注意到了眼神的分寸，既没有死死地盯着面试官看，也没有表现得眼神慌乱、游离不定，让几位面试官都对他产生了不少好感。在面试完毕的时候，几位面试官都给郭瑞打出了较高的分数。

郭瑞善于用眼神来进行沟通和交流，给面试官留下了深刻的印象。我们在职场中，也应当像郭瑞这样时刻注意自己的眼神，让自己能够展现出一种落落大方、亲切友善的风度，就更容易赢得同事的欢迎和上司的认可。

那么，我们在沟通中应当掌握哪些使用眼神的技巧呢？

1. 注意眼神沟通的时间

在与他人沟通时，我们要注意与其保持眼神的交流，但眼神凝聚于对方身上的时间也不能过长，否则会让对方感觉很不自在，会让对方急于结束谈话。因此，我们可以每隔5秒，有意识地中断一下眼神的交流，而不要眼睛眨也不眨地一直盯着对方看。

另外，如果在沟通中注意到对方有不自然的表现，如对方突然低头或转头，不愿意面对我们，那就可能表示我们的眼神让对方产生了不舒服的感觉。这时，我们也应该暂停眼神交流，可以先将眼神移向别处，待对方感觉好转后再重新开始眼神的交流。

2. 注意眼神沟通的角度

为了不让对方产生误解，我们还要注意把握正确的注视角度。比如，我们在与他人沟通时，要避免眼神向下注视对方，更不能够用眼神斜视对方，因为那会让对方感觉受到了轻视，谈话也很难在正常的氛围下进行下去。再如，我们不能随意快速移动我们的眼神，使得眼神看起来飘忽不定，就会给对方留下不诚恳、不老实的坏印象。

事实上，在沟通的过程中，我们可以采用平视或仰视的角度与对方进行眼神的交流。平视时视线呈水平状态，比较适用于一般的工作或交际场合，当我们与身份、地位相当的对象沟通时就可以使用；而仰视时眼神向上注视对方，更适用于与那些年长或身份、地位高于我们的对象沟通。

3. 注意眼神沟通的部位

在用眼神沟通时，我们还要注意视线注视的部位。比如，眼神可以落在对方的双眼部位，与对方直接进行眼神交流，这会给对方留下认真、真诚的好印象。另外，眼神可以落在对方的额头部位，可以表示一种严肃、公事公办的态度，比较适用于正规的公务交流。

需要提醒的是，眼神不能落在对方的头顶，否则会让对方觉得我们目中无人。此外，在与异性沟通时，眼神不宜长时间停留在对方的胸部、裆部、大腿等部位，以免让对方觉得反感。

除此以外，我们还要注意，在与多个对象同时进行沟通时，要让眼神顾及所有人，而不应只盯着一个人看，否则会让其他人认为我们不够礼貌。因此，我们可以尝试在每一个新句子的开头，将眼神朝向不同的人。这样就能照顾到所有人，使他们都能够保持谈话的兴趣，并有可能对我们产生更多的好感。

肢体语言交流更顺畅

所谓肢体语言，就是我们在说话的同时，借助头部、颈部、四肢、躯干等人体部位的活动来传情达意的沟通方式。有研究显示，当我们向他人传递信息的时候，依靠语言只能够传递7%的信息，剩下的绝大部分信息都要通过肢体语言和声音来传递。由此可见，肢体语言在沟通时的作用非常重要，我们应当合理地运用肢体语言来加强自己的沟通能力，以更好地说服对方。

我们在日常工作和生活中，也可以用肢体语言来为自己的沟通能力加分。为此，我们可以从以下几个方面锻炼自己的肢体语言能力：

1. 手势

手势在肢体语言中占有最为重要的地位。不同的手势可以输出不同的信息，能够提升我们的表现力。我们在使用各种手势时，要注意幅度不可过大，次数不宜过多，也不宜多次重复；而且使用手势时要尽量柔和，不宜动作生硬。

另外，我们还要掌握一些常用手势的内在含义，以免错用手势让对方觉得反感。比如，手掌向上，具有合作、接纳和表示坦诚态度的意思；手掌向下，则带有权威、命令的意思。这两种手势表达的态度截然不同，如果错用就会产生不良的后果。所以，我们平时要多多体会各种手势的使用效果，并可以多参考一些名人的演讲、会谈视频资料，以提升我们手势的运用水平。

2. 触摸

触摸是一种常用的肢体语言，它适用于我们与关系比较亲密的对象进行沟通的情况。因为人们都有被触摸的需要，所以亲切而舒适的触摸就能够满足这种需求，可以让对方彻底放下心防，并有可能对我们敞开心扉，愿意与我们进行深层次的沟通。

另外，我们还可以用触摸来表达我们对对方的情感。比如，可以用轻拍肩部、背部的触摸来表达安慰之情，用拥抱对方的方式表达喜爱、感激之情，用握手来表示对对方的欢迎、敬意等。

3. 动作

在说话的同时，我们可以适时地配合一些动作，来加强我们的表达效果，使对方更容易感到信服。比如，我们可以用点头的动作来加强赞同的态度，让对方有受到了鼓励的感觉；我们还可以用耸肩的动作来传达一种无奈的情绪，以引起对方的同情。

与此同时，我们要避免在与人沟通时做出东张西望、摇头晃脑、抖动腿脚这样的小动作，因为这会让对方感觉我们注意力不集中，还会让对方认为我们态度傲慢、不够庄重，这对于顺畅的沟通会产生很多不利影响。所以，我们要有意识地提醒自己不要做出这类影响形象的小动作。

4. 姿势

我们还可以在沟通中通过不同的姿势来表达一些未尽之意。如在与他人对话时，我们可以挺胸抬头、挺直躯干，用精神抖擞的站姿或坐姿来传达自己自信、乐观的态度，并使对方也能受到有益的感染，愿意接受我们提出的意见或要求。再如，我们在向上司或一些年长的同事请教问题时，则可以采用微微弯腰、头部略下垂、背部略弓起的姿势，以表示我们对对方的尊重之情。

另外，我们在职场中沟通时，要注意避免采用一些富有侵略性的姿势。比如，头部高高昂起，用下巴迎向对方的姿势，就会让对方感觉我们非常傲慢、无礼；而双手叉腰的姿势看起来就像是一种准备发出攻击的信号，也会让对方有一种很不舒服的感觉。此外，男性在商务场合采用双腿张开的坐姿，也会让身边的女性有一种遭受胁迫的感觉。所以，我们要注意不要让这些姿势出现在沟通过程中。

5. 空间距离

空间距离就是我们在沟通时与对方的身体之间需要保持的合理距离。这种距离虽然无声无形，却能影响到沟通的顺利与否。一般而言，我们应当按照与对方之间的亲疏关系来决定空间距离的大小。像非常亲密的夫妻、家人之间，就可以采取"亲密距离"进行沟通，双方之间的距离大小可以不超过45厘米。如果要和比较亲密的朋友、熟人沟通，则应当保持"私人距离"，这个空间距离可以在45—120厘米。在工作场合和一般性的社交场合，当我们与同事、上司、客户进行沟通时，应当保持"礼貌距离"，可以在120—360厘米。而对于那些初次见面，还很不熟悉的人士，在沟通时就应当保持"一般距离"，最好在360—750厘米，采用这个距离能够保持双方各自的"安全感"，也能够确保双方可以互相听清话语、看清脸上的表情和身体的动作。

　　需要提醒的是，我们在运用肢体语言时，还应当考虑到不同文化背景下有不同的沟通习惯。所以，肢体语言代表的含义也会有所差异。就像中国人常常会用竖起大拇指的手势来表示赞扬的态度，可是在美国和欧洲部分地区，这个手势常常被用来表示"请求搭车"，而在尼日利亚、希腊、伊朗等国家，做出这样的手势则会被认为有侮辱他人的意思。由此可见，在使用肢体语言时一定不能随意，要充分考虑当前所处的文化背景和沟通氛围，然后适当地使用肢体语言，才能让交流变得更加顺畅。

中篇

会办事

第一章　做事要勇敢：用心付出就一定会有收获

面临挑战，无须理由

工作中只有两种行为：有的人努力挑战困难完美执行，有的人避重就轻借口推脱。前者可以带来成功，而后者只能走向失败。

巴顿将军在他的战争回忆录《我所知道的战争》中曾写到这样一个细节：

"我要提拔人时常常把所有的候选人排到一起，给他们提一个我想要他们解决的问题。我说：'伙计们，我要在仓库后面挖一条战壕，八英尺长，三英尺宽，六英寸深。'我就告诉他们那么多。我有一个有窗户或大节孔的仓库。候选人正在检查工具时，我走进仓库，通过窗户或节孔观察他们。我看到伙计们把锹和镐都放到仓库后面的地上。他们休息几分钟后开始议论我为什么要他们挖这么浅的战壕。他们有的说六英寸深还不够当火炮掩体。其他人争论说，这样的战壕太热或太冷。如果伙计们是军官，他们会抱怨他们不该干挖战壕这么普通的体力劳动。最后，有个伙计对别人下命令：'让我们把战壕挖好后离开这里吧。那个老东西想用战壕干什么都与我们没关系。'"

最后，巴顿写道："那个伙计得到了提拔。我必须挑选不找任何借口完成任务的人。"

无论什么工作，都需要这种不找任何借口去执行的人。对我们而言，无论做什么事情，都要记住自己的责任。无论在什么样的工作岗位上，都要对自己的工作负责。不要用任何借口为自己开脱，完美的执行是不需要任何借口的。

那些认为自己缺乏机会的人，往往是在为面临困难的自己寻找借口。成功人士不善于也不需要编织任何借口，因为他们能为自己的行为和目标负责，也能享受自己努力的成果。

在工作中，我们每个人都应该发挥自己最大的潜能，努力地工作而不是为寻找借口浪费时间。要知道，公司安排你这个职位，是为了解决问题，而不是听你对困难长篇累牍的分析。

习惯性拖延的人通常是制造借口与托词的专家，他们经常为没做某些事而制造借口，或想出各式各样的理由为事情未能按计划实施而辩解。"这个工作做起来难度太大。""客户不回信我有什么办法？""这段时间实在太忙，把这件事忘了。""这么大的工程只给这么点时间，怎么可能完成？""什么样的工作条件出什么样的活儿。"听上去好像是"理智的声音""合情合理的解释"。但不论借口多么冠冕堂皇，借口就是借口，它带给你的后果，一点也不会因你的借口如何完美而有丝毫改变。

在工作中找借口是人都能想到的办法，更是世界上最容易办到的事情，如果你存心拖延逃避，你总能找出借口。找借口是一种很不好的习惯。出现问题不是积极、主动地解决，而是千方百计地寻找借口，你的工作就会拖沓，以致没有效率。借口变成了一面挡箭牌，事情一旦办砸了，就能找出一些看似合理的借口，以换得他人的理解和原谅。一般情况下，我们找借口无疑是为了把自己的过失掩盖掉，心理上得到暂时的平衡。但长此下去，借口成习惯，人就会疏于努力，不再想方设法积极进取了。

试想，有多少人因为把宝贵的时间和精力放在寻找一个合适的借口上，而耽误了自己的前程？有多少人因为工作不努力、不认真，一遇见困难就找机会推脱，一出问题就找借口掩盖，而错过了一次又一次挑战自我、争取成功的机会？

每当我们要付出劳动，或要作出抉择时，总想让自己轻松些、舒服些。这时借口总是在我们的耳旁窃窃私语，告诉我们因为某种原因而不能做某事，久而久之我们甚至会潜意识地认为这是"理智的声音"。假如你有此类情况，那么请你做一个实验，每当你使用"理由"一词时，请用"借口"来替代它，也许你会发现自己再也无法心安理得了。

人在面临挑战时，总会为自己未能实现某种目标找出无数个理由。情商高人的做法是，抛弃所有的借口，找出解决问题的方法。那些实现自己的目标、取得成功的人，虽然成功的因素各不相同，也并非都有超凡的能力和心态，但他们有一个共同的特点：从不为自己找借口。

鼓足勇气，敢于冒险

缺乏勇气、害怕风险是人的特点，做什么事情之前，他们常常瞻前顾后地掂量有多少把握，幻想做到十拿九稳，甚至十拿十稳，害怕栽跟头，对不测因素和风险看得太重太可怕。他们在人生的道路上常常裹足不前，举棋不定。

人不明白"不敢冒险是人生最大的风险"，四平八稳地走路虽然平坦安宁，但距离人生风景线迂回遥远，他们永远也领略不到奇异的风情和壮美的景致。人平平庸庸、清清淡淡地过了一辈子，直到人生的尽头也没有享受到真正成功的快乐和幸福的滋味。他们只能在拥挤的人群里争食，这也仅仅是为了填饱肚子。而这，不也是一种风险吗？而且还是一种难以逃避的风险，一种会越来越无力改善现状的风险。

在这个充满激烈竞争的时代，无论干什么，都需要开拓进取精神，没有开拓进取精神，就不能真正突破自我，创造出独特的个人价值。

不少人比较胆怯，缺乏冒险精神，守成有余而开拓不足，这使得他们的事业始终处于一种小格局、小境界和小发展中，做不大做不强，只能在竞争中甘拜下风。

网易的创始人丁磊原来在宁波电信局工作，工作待遇非常不错。1995年，年轻的丁磊想独立创业。但遭到周围很多人的反对，认为那样风险太大，不如继续当时那份稳定的工作。但丁磊坚信自己的判断，毅然放弃了被很多人艳羡的工作，踏上了创业之路。凭着自己的智慧和勇气，他成功了。当后来提起这段经历时，丁磊说："这是我第一次开除自己。人的一生总会面临很多机遇，但机遇是有代价的。有没有勇气迈出第一步，往往是人生的分水岭。"

冒险是人生的重要一课。你见过鸵鸟吗？它们不想飞向太阳，甚至连看也不看一眼。面临危险时，它们宁愿把头埋进沙堆里。

在我们周围，也不乏类似鸵鸟的人。

他们极少挖掘自己的潜力。

他们不大关心自己个性的成熟和事业的成长。

他们讨厌冒险。

他们对工作不负责任。

事情出了差错时，他们宁愿装作不知道。

许多人走出校门后，便不再学习，知识积累到此为止。他们能担任何种职务、与怎样的人交往，多半就此定型，一生前途也就此决定。他们大多只求安逸度日，得过且过。这样做，无异于鸵鸟偷安地埋首于掘好的沙穴之中。

不敢冒险的人力图在熟悉的格局中，小心翼翼地求生。在一成不变的生活方式中，他们毫无乐趣可言，只会感到厌倦无力、寂寞无聊，快速成长无从谈起。他们好像不清楚怎样才能获得成功，却知道怎样避免失败。安全是他们生命中的主要衡量标准。至于工作和生活的乐趣，已被减少到只要能维持生存即可。

要想成功，就得承担风险。世界的改变、生意的成功，常常属于那些敢于抓住时机、适度冒险的情商高人。而人对不测因素和风险看得太清楚，不敢冒一点险，因此只能永远"糊口"。实际上，如果能从风险的转化和准备上进行谋划，则风险并不可怕。2004年雅典奥运会冠军罗雪娟在预赛和复赛表现不利的情况下出人意料地摘得冠军。赛后她说，自己站在奥运赛场上就已经没有退路了，于是在最后一刻下了一着险棋，终于取胜。

大多数人在人世间来来往往，虽然偶尔也会想到一些好点子，但是他们总是瞻前顾后，不敢真正去做，结果永远是贫穷，永远是叹息。总是听到有人在抱怨："这个想法我早就有了，只不过不敢去做，要不我比他还强。"胆识是致富的第一关键，光看到了天上有馅饼是不够的，还要敢于去接。光有想法，而没有行动，只能证明你缺乏胆识，缺乏勇气，这样也就眼睁睁地看着成功擦肩而过，把财富留给了勇于冒险的情商高人。

不要让困难阻挡你。人很难获得成功，因为风险总是与成功相伴相随。俗话说，"舍不得孩子套不着狼"，不冒风险肯定干不成大事。

其实，新的、理想的生存方式就潜伏在平常的生存方式之中，只有具备探险的勇气才能发现。在人身上，本来就具备打破旧的生活格局从而迎来新的生活格局的巨大潜能，可是被现时的平庸作为掩盖了。只有具备风险意识、敢于怀疑和打破以往的秩序，无所畏惧、勇于探索和实践，人的潜能才能发挥出来。而安于现状、不思进取、没有危机感、不愿意参与竞争和拼搏的人，首先由于其思想意识的懒散而导致思维呆滞、反应迟钝，从而远离成功。只有完全展示了自己的才能、实现了自己追求的情商高人，才能领略到人生最高的欢愉。现代人应该强烈追求这种境界而不应安于过一种平平常常、千篇一律的生活。

大胆创新，眼光独到

《伊索寓言》里有一个小故事：

一个暴风雨的日子，有一个穷人到富人家讨饭。

"滚开！"仆人说，"不要来打扰我们。"

穷人说："只要让我进去，在你们的火炉上烤干衣服就行了。"

仆人以为这不需要花费什么，就让他进去了。

这时，这个可怜人请厨娘给他一个小锅，以便他煮点石头汤喝。

"石头汤？"厨娘好奇地问，"我想看看你怎样用石头做成汤。"便给他拿来了一口锅，于是穷人到路上拣了块石头洗干净后放在锅里开始煮。

"可是，你总得放点盐吧。"厨娘说，她给了他一些盐，后来又给了豌豆、薄荷、香菜。最后，又把能够收拾到的碎肉末都放在汤里了。

当然，您也许能猜到，这个可怜人后来把石头捞出来扔回路上，美美地喝了一锅肉汤。

试想，如果这个穷人对仆人说："行行好吧！请给我一锅肉汤！"会得到什么结果呢？因此，伊索在故事的结尾写道：坚持下去，方法正确，你就能成功。而这里的正确方法正是创新。如果那个穷人只是依照常规乞求一锅肉汤的话，毋庸置疑，他肯定得不到，结果可能就是他被饿死或冻死在暴风雨里。他用创新的思维为自己赢得了自己所需要的东西。

人要想战胜自己的对手，要想出人头地，就必须创新。

李嘉诚在自传中写道：致富的秘诀，在于"大胆创新，眼光独到"。地产市场我看好，别人看坏，事实证明是好的，我能发大财；反之，我看好，别人看坏，事实证明是坏的，我便要受大损失，甚至破产；如果大家都看好，我也看好，事实证明是对的，则也仅仅能糊口而已。

创新并不是个别人的专利，我们每个人都可能成为创新的人，关键是看我们有没有创新精神。人一般都缺乏创新精神，他们因循守旧，不求变革，沿袭老一套。常常认为"这样很好啊！为什么要改变呢？"对现状心满意足，宁愿继续沿着稳定的规则生活、工作。一旦得到一份满意的工作或一个舒适安逸的位置，便不求上进，不想开拓创新，甚至还有极少数人反对创新，理由听起来似乎也很有道理：如果每个人都去创新变革，统统打破原来的规则、界线、角色和游戏方式，岂不要天下大乱？而那些大有成就的情商高人则总是大胆开拓创新，从而找到属于自己的发展道路，获得成功。

大家可以在日常生活中看到，情商高人和普通人最明显的区别就在于，情商高人敢于打破常规，而普通人总是墨守成规。

　　很多常规，开始制定的时候可能是有用的，但是随着社会的发展，时代的进步，就有可能成为人们健康发展的包袱，或者成为另一代人成长的枷锁。常规一旦成为人们精神里带惯了的脚镣，摘下来是很不容易的。

　　现实生活中有多少人在忍耐，又有多少人在等待？忍耐着他们难以承受的痛苦，等待着属于他们的公平。为什么要这样？就是因为这些人在很小的时候，有许多人、许多道理告诉他们要忍耐、要等待，日久天长，他们也就习惯了忍耐与等待，并且在忍耐与等待中流失了自己的大好年华。事实上，他们既不必忍耐，更不应该等待，不必像驴子一样只迷恋车辕之间的空间和磨道的稳定。

　　相反地，成功者只相信这样的事实：没有什么能够阻止白杨长成参天大树，同样也没有什么力量能让狗尾草直冲云端。它们会竭尽全力寻求新的突破。

　　假如一个企业的制度不再令你有所发展，甚至反而扼杀你的天才与灵性，你不离开就是愚忠。时代告诉我们，能决定我们一切的只有我们自己，能让我们有所改变的也只有我们自己。

　　思维的独创性是创新思维的根本特征，创新就是要敢于超越传统习惯的束缚，摆脱原有知识范围的羁绊和思维过程的禁锢，善于把头脑中已有信息重新组合，从而发现新事物，提出新见解，解决新问题，产生新成果。这样的突破常规的例子数不胜数。

依靠奋斗改变命运

当失败重重打击一个人时，最简单、最合逻辑的方法就是放手不干，去寻找新的出路——大多数人也都是这么想的。但情商高人的不同之处就在于始终不轻易放弃，就算在绝境中，也会穿过重重乌云，看到太阳、看见希望，依靠自身的努力走向成功。

美国淘金热时，达哈比的叔叔也在西部买到一块金矿。辛苦了几周后，他发现了闪闪发光的金矿，但他需要用机器把金矿石弄到地面上来。他很镇静地把矿坑掩埋起来，除掉自己的脚印，然后火速赶回马里兰州威廉斯堡的老家，把找到金矿的消息告诉他的亲戚和几位邻居。大家凑了一笔钱，买来了所需的机器，托人代送。叔叔和达哈比也动身回到矿区工作。

第一车的金矿挖出来，送到一家冶金工厂，结果证明他们已经挖到了科罗拉多州最丰富的一个矿源。只要挖出几车金矿，就可以偿还买矿欠下的债务，然后大赚特赚。

叔叔和达哈比高高兴兴地下坑工作，但在这时候，发生了他们意想不到的事，金矿的矿脉竟然不见了。他们已走到彩虹的末端，黄金没有了。他们继续挖下去，焦急地想要挖出矿脉来，但是完全没有收获。又经过一段时间的努力，叔侄俩都放弃了。然而根据一位工程师的计算，只要从达哈比和他叔叔停止挖掘的地点再往前挖90厘米，就能找到金矿。

果然，就在工程师所说的那个地方找到了金矿。

请工程师的人是一位售货员，他把从矿坑中挖出来的金矿石卖出，获得了几百万美元。他能发财，主要因为他懂得寻找专家来协助，而不是轻易放弃。

这件事过了很久之后，达哈比先生从失败中总结了经验，从而获得成功，赚进了超过他损失金钱数倍的财富。这是他在从事人寿保险推销以后取得的。

达哈比记得他曾经在距离金矿90厘米远的地方停下，而损失了一大笔财富，所以现在他吸取了这个教训。他对自己说："我在距离金矿90厘米远的地方停下来，如今，在我向人们推销人寿保险的时候，我绝不因为对方说'不'就停下来。"

达哈比后来成为少数每年推销出100万美元以上的人寿保险推销员中的一员。他锲而不舍的坚韧精神，应归功于他在挖矿时轻易放弃的教训。

依靠自己的奋斗改变自己的命运，克服重重困难，不放弃，必能助你从败局走向希望。不要让失败占据了你的世界，使你畏缩，失败也未尝不是件好事，也许失败正孕育着更大的成功。

直面挫折是一种智慧。勇涉磨难，不怕失败，这是一切发展的积极心态，是渴望成功的人的必修课。对于情商高人来说，虽然处境的艰难、失败的打击也会给他们带来困扰、忧虑，但他们更会将这些压力变为动力，从中找出新的成功之路。

纵观人类历史上的伟大人物，他们中的相当一部分人曾经有过艰辛的童年生活，甚至还备受命运的虐待，但他们都善于找到生命的支点，及时调整自己的心态，坚韧地承受生活的艰辛，用恒久的努力打破重重围困，在脱离了贫穷困苦的同时也脱离了平凡，造就了卓越与伟大。

在生活或工作的旅途中，不可能总是一帆风顺，会经常遇到这样或那样的困难，这些挑战如同前行路上的暗礁，往往使人束手无策，焦头烂额，甚至让人懊悔得直想放弃。但是我们必须清楚，聪明的成功人士并非从未遇到过困难，正因为他们在一路拼搏的路途中没有退缩，没有放弃，才有了后来的成就，成为众人艳羡的佼佼者。

接受挑战，培养战胜它的勇气一直是情商高人自我鼓励的座右铭，也是成功的必然前提，是每个人生命历程中应该养成的一种思维。当你有勇气直面那些阻挠，积极想办法处理它们的时候，就已经成功一半了。倘若总像大多数人那样，遇到难处就躲，遇到困难就放弃，那将永远和成功遥遥相望。

来看看普通人是怎么做的吧。工作遇到挫折，便停滞不前了，甚至连出现问题的原因也不敢去深究，更不用说克服的勇气了。出现了这种工作状态，实际反映出的是一种恐惧心理。缺少勇气导致了延期，而延期则会导致更深的恐惧。工作过程中遇到的挑战往往表现在大的工作量上，普通人提前预支了恐惧，甚至还没有切实遇到挑战，就已经开始恐慌，失去进行的勇气，结果自然以失败告终。而成功的人往往有初生牛犊不怕虎的勇气，因而在职场中百战不殆。

不要放大困难。有时候困难在想象中会被放大一百倍，人因为相信这些困难不可克服而退缩。事实上，如果走出了第一步，就会发现那些麻烦与困难并没有想象中的那么严重，有时只是自己吓唬自己而已。

困难到底是不是困难，必须动手去做才知道。如果只在一旁空想，那么对人而言，这个世界将会被重重困难包围。而他们，也永远无法破除困难，再前进一步。所以，面对困难要有理智的态度和全面的权衡，别把困难在想象中放大。

在困难面前应勇于面对，而不是被动地回避。回避可能会暂时使你远离麻烦，远离苦恼。可是事实证明，世上万物都是相通的，你在一件事情上遇到了挑战，如果当时没有妥善解决，日后它还会以别的形式、在别的因素促使下，再次使你焦头烂额。所以，积极地面对和回击挑战才是正确的方法。

因此，不要妄想人生的旅途会一帆风顺，没有一点波澜和坎坷。各种各样的困难和挑战会接连不断地出现在你面前，阻碍你前进的脚步。只有像情商高人那样，勇于接受这些挑战，培养直视挑战的正面思维，勇敢地克服困难，你才能在这个过程中得到意外的收获，获得再次升华。

停止抱怨才会改变生活

抱怨，是一件随时都会发生的事情。

早上起床晚了，抱怨的人会想"唉！又要扣工资了"，不抱怨的人会想"是不是我太累了，是该找个时间好好休息一下了"。

路上走路，与别人撞了一下，抱怨的人会想："没长眼睛啊"？不抱怨的人可能根本就没意识到，最多会想："他也不是故意的"。

到了公司，有个同事对面走过连个招呼也没打，抱怨的人会想："对我有意见？我还懒得理你呢"，不抱怨的人可能想都没想，最多会想："他也是想着做事，没留神"。

工作上辛辛苦苦完成了一个任务，自认为无可挑剔，哪知交上去了才发现还有个小错误，抱怨的人会想："为什么事先没想到啊，真是白辛苦了"，不抱怨的人会想："我这么小心还是有疏漏，下次要吸取教训，要更加小心了"。

喝口水呛着了，抱怨的人会想："怎么这么倒霉，喝水都要找我麻烦"，不抱怨的人会想："现在有点急躁了，沉稳一点"。

吃饭吃到沙子，抱怨的人会想："谁洗的米，沙子都不去掉"，不抱怨的人会想："有沙子是正常的，怪我不小心没看到"。

下班了，领导说大家留一下，晚上要开会，抱怨的人会想："又开会，怎么不在工作时间开啊？我女朋友的约会怎么办"，不抱怨的人会想："原来这就是鱼与熊掌不可兼得也"。

晚上回到家，累得不行，抱怨的人会想："为什么生活会这么累啊"，不抱怨的人会想："又过一天了，今天还真有不少收获，现在马上好好休息，明天还要好好工作"……

为什么抱怨的人会生活得这么累，因为他只看到了自己的付出，而没有看到自己的所得；而不抱怨的人即使真的很累，也不会埋怨生活，因为他知道，失与得总是同在的，一想到自己获得了那么多，他就会感到高兴。

没有一种生活是完美的，也没有一种生活会让一个人完全满意。如果抱怨成了做人的一种习惯，就像搬起石头砸自己的脚，于人无益，于己不利，生活就成了牢笼一般，处处不顺，处处不满；反之，则会明白，自由地生活着，本身就是最大的幸福，哪会有那么多的抱怨呢？

小李被董事长任命为销售经理，这个消息是同事们所没有意料到的，谁都知道，公司目前的境况不佳，迫切需要拓展业务以求生存，这个销售经理的位置更显得重要了，也正由于此，这个位置一直没有找到合适的人选。与其他几个较资深的同事相比，貌不惊人、言不出众的小李并无多少优势可言。

很快有好事者传言，小李的提升，得益于前些日子大厦电梯的突然停电。

那天晚上公司里加班，近10点时才结束，小李走得最迟，在电梯口遇到了董事长等人。电梯运行时突然因停电卡住了，四周顿时一片漆黑，时间一分一秒地过去，大家开始抱怨，两个不知名的女孩更显得局促不安。这时闪出了一小串火苗，是从打火机里发出的，人们立刻安静下来。在近一个小时的时间里，小李的打火机忽亮忽灭，而他什么也没说。

有些人对小李的提升不服。不久后，董事长在公司员工的会议上说了这件事并解释道："因为在黑暗里，小李点燃手中所有的火种，而不像有些人那样在抱怨诅咒这不愉快的事件和黑暗，我们公司要走出低谷，不被一时的困难压倒，需要小李这样的人。"

越是在困境中，就越能考验一个人的能力与品格。抱怨是无济于事的，我们每个人应该利用手中的"火种"去战胜黑暗，创造一个光明的前程。

不要在困难面前找借口

任何人做事，都有失败的可能。

不少人做事失败后，第一件事就是找借口。借口很容易找到，这些借口让一些人心安理得地接受了失败，名正言顺地选择了放弃。这仿佛一个个台阶，让一些人自然而然地走向背离成功的无底深渊。

我们在任何情况下都不能为自己找借口，而要积极寻找解决问题的办法或总结经验教训。

体育界成功者罗杰·布莱克的杰出，并不在于他令人瞩目的竞技成绩——曾经获得奥运会400米银牌和世界锦标赛400米接力赛金牌。更让人心生触动的是，所有的成绩都是在他患有心脏病的情况下取得的。

除了家人、亲密的朋友和医生等仅有的几个人知道其病情外，罗杰·布莱克没有向外界公布任何消息。带着心脏病从事这种大运动量的竞技项目，不仅很难有出色的发挥，而且有可能危及生命安全。第一次获得银牌后，他对自己依然不满意。如果他告诉人们自己身体的真实状况，即使在运动生涯中半途而废，也会获得人们的理解。但是罗杰却说："我不想小题大做。即使我失败了，也不想将疾病当成自己的借口。"作为世界级的运动员，这种精神一直存在于他的整个职业生涯中。

一位长期在公司底层挣扎、时刻面临失业危险的中年人去看心理医生。医生问他发生了什么事。他神情激昂地说："我怎么也睡不着，想不通。"然后开始抱怨公司老板如何不愿意给自己机会。

"那么你自己为什么不去争取呢？"医生说。

"我也争取过，但是我不认为那是一种机会。"他依然义愤填膺。

"你能说得具体点吗？"

"前些日子，公司派我去海外营业部，但是我觉得像我这样的年纪，怎么能经受如此折腾呢？"

"为什么你会认为这是一种折腾，而不是一种机会呢？"

"难道你看不出来吗？公司本部有那么多职位，却让我去如此遥远的地方。我有心脏病，这一点公司所有的人都知道。"

医生无法确认这位先生是否真的得了心脏病，但他已经知道了这位先生的"病根"：那就是喜欢在困难面前为自己找借口。

细心行事，三思而后行

在生活中，做任何事情都一样，不能盲目，要三思而后行。在大多数时候，盲目的行为都会酿下苦果，甚至会付出惨重的代价。做任何一件事情，都需要仔细考虑。慎重考虑清楚我们还没有预料到的事情，以防万一，这样我们才能更好地保全自己。在现实生活中，我们经常看到某些人做事风风火火，全凭着一股冲劲，做事从来不动脑子，这样的人虽然加快了做事的速度，但是，他们却常常自己为冲动而埋单。细心行事，说起来很简单，可是在真正做事的时候却有些困难，在很多时候，急于成功和紧张的心理常常使人们无法正确地判断自己的行为。对此，不管是大事小事，凡事应细心为主，缜密思考，三思而后行，如此，事情才有可能会成功。

有一次，曾国藩坐着轿子正要出门，没想，听到帘子外有人叫自己的乳名："宽一！"他连忙叫轿夫停轿，看到来人他又惊又喜："这不是干爹？您老人家怎么到了这里？"说完，赶忙将干爹迎到了家中。

面对远道而来的干爹，曾国藩不住地问家乡的情况，可是，干爹却是满腹委屈，他找了个机会把自己受到的不公平待遇一股脑儿告诉了干儿媳，干儿媳妇安慰他说："不要担心，除非他的官比你干儿子大。"老人家听了，悬着的心放下了一半。

过了几天，夫人特意说起了干爹的事情，她劝曾国藩："你就给干爹写个条子到衡州吧。"曾国藩大声叹气："这怎么行呢？我不是多次给澄弟写信让他们不要干预地方官的公事吗？如今自己倒在几千里外干预了起来，岂不是打自己嘴巴？"夫人说："可干爹是个老实本分的人，你总不能看他被欺负，你得为他主持公道啊！"曾国藩思考了片刻，说道："好！让我再想想。"

第二天，曾国藩接到了上谕升官，顿时，许多达官显贵都来庆贺，曾国藩将干爹迎到了上座，向大家介绍了他。这时，曾国藩拿出了一把折扇，说道："干爹执意要返回家乡，我准备送干爹一份小礼物，列位看得起的话，也请在扇上留下宝墨，以做纪念。"文武官员一听，都争相留名，不一会儿，折扇两面都写满了名字。干爹带着这把折扇回到家乡，知府大人一看，气焰顿失。

曾国藩虽为官一生，活跃于政治舞台上，却能成功自保，其主要原因就是他比较善于细心行事，哪怕是一件小事，他也会多想一步，这样一来，给自己留了足够的后路，自然就能保全自己了。

在《三国演义》里，"马谡失街亭"的故事几乎家喻户晓。

当时，诸葛亮亲自率领着大军，向西路扑向祁山，由于魏国毫无防备，守在祁山的魏军纷纷败退。刚刚即位的魏明帝曹叡立即派张郃带领五万人马赶到祁山去抵抗，并亲自去长安督战。

马谡一直是诸葛亮信任的人，不过，刘备在去世时却看出马谡这个人不太踏实，他特意嘱咐诸葛亮："马谡这个人言过其实，不能派他干大事，还得好好考察一下。"不过，诸葛亮并没有将这番嘱咐放在心上，这一次，他派马谡当先锋，守街亭。马谡当即带着副将王平来到了街亭，他对王平说："这一带地形险要，街亭旁边有座山，正好在山上扎营，布置埋伏。"王平提醒说："丞相临走的时候嘱咐过，要坚守城池，稳扎营垒，在山上扎营太冒险。"马谡却不假思索地拒绝了。

没想到，这一不经思考的决定真的带来了恶果，街亭失守了，马谡虽然侥幸逃脱，但是，他最终难免处罚，诸葛亮自叹"用人不当"，只好挥泪斩马谡。

在这里，无论是诸葛亮还是马谡，都缺少了那么一点细心，最终酿成了大错。在生活中，当我们决定要去做一件事情的时候，需要思考这件事值得不值得去做，如果做了对自己有没有好处，会不会有什么不良后果。同时，还需要考虑事情的下一步会发生什么，考虑利弊再衡量思路，做出更有利的选择。

第二章 做事要主动：把事情做到点子上

积极主动，事情就成功了一半

人生在世，谁都不甘于平庸，谁都希望成功，但我们又不得不面对这样一个事实：在这个世界上，成功卓越者少，失败平庸者多。成功者自信、潇洒，而失败者空虚、自卑。如果你仔细观察、比较，你会发现，造成这一差异的原因在于他们的心态不同。成功者始终用积极的思考、乐观的精神和丰富的经验支配和控制自己的人生，他们用积极的意念鼓励自己，于是便能想尽办法，不断前进，直至成功。而失败人士则习惯于用消极的心态去面对人生，他们受到过去的种种失败与疑虑的引导和支配，他们空虚、猥琐、悲观失望、消极颓废，最终走向了失败。

因此，成功学的始祖拿破仑·希尔说，一个人能否成功，关键在于他的心态。一个人如果心态积极，乐观地面对人生，乐观地接受挑战和应付麻烦事，那他就成功了一半。

在推销员中，广泛流传着一个这样的故事：两个欧洲人到非洲去推销皮鞋，由于炎热，非洲人向来都是打赤脚。第一个推销员看到非洲人都打赤脚，立刻失望起来："这些人都打赤脚，怎么会要我的鞋呢？"于是放弃努力，失败沮丧而回。另一个推销员看到非洲人都打赤脚，惊喜万分："这些人都没有皮鞋穿，这皮鞋市场大得很呢。"于是想方设法，引导非洲人购买皮鞋，最后发大财而回。

这就是心态不同导致结果的天壤之别。同样是非洲市场，同样面对打赤脚的非洲人，由于心态不同，一个人灰心失望，不战而败；而另一个人满怀信心，大获全胜。

生活中，失败平庸者居多，成功者居少，这主要就是心态的差距。失败者遇到问题，总是选择逃避、倒退，内心的声音告诉他们："我不行了，我还是退缩吧。"结果陷入失败的深渊。而成功者遇到困难，仍然保持积极的心态，用"我要！我能！""一定有办法"鼓励自己。

那些安于现状的人们可能会说，他们现在的境况是别人造成的，环境决定了他们的人生位置。这些人常说他们的想法无法改变。但是，我们的境况不是周围环境造成的。说到底，如何看待人生，由我们自己决定。纳粹德国某集中营的一位幸存者维克托·弗兰克尔说过："在任何特定的环境中，人们还有一种最后的自由，就是选择自己的态度。"

可能很多人会产生疑问，如何才能具备积极的心态呢？其实，这完全在于我们自身的选择，拿破仑·希尔曾讲过这样一个故事，对我们每个人都极有启发。

塞尔玛陪伴丈夫驻扎在一个沙漠的陆军基地里。丈夫奉命到沙漠里去演习，她一个人留在陆军的小铁皮房子里，天气热得受不了——在仙人掌的阴影下也有 125 华氏度。她没有人可聊天——身边只有墨西哥人和印第安人，而他们不会说英语。她非常难过，于是就写信给父母，说要丢开一切回家去。

她父亲的回信只有两行字，这两行字却永远留在她心中，完全改变了她的生活：

两个人从牢中的铁窗望出去，一个人看到泥土；另一个人却看到了星星。

塞尔玛一再读这封信，觉得非常惭愧。她决定要在沙漠中找到星星。

塞尔玛开始和当地人交朋友，他们的反应使她非常惊奇，她对他们的纺织、陶器表示兴趣，他们就把最喜欢但舍不得卖给观光客人的纺织品和陶器送给了她。塞尔玛研究那些引人入迷的仙人掌和各种沙漠植物，又学习有关土拨鼠的知识。她观看沙漠日落，还寻找海螺壳，这些海螺壳是几万年前，这沙漠还是海洋时留下来的，原来难以忍受的环境变成了令人兴奋、流连忘返的奇景。她为发现新世界而兴奋不已，并为此写了一本书，以《快乐的城堡》为书名出版了。她从自己造的牢房里看出去，终于看到了星星。

是什么使这位女士内心发生了这么大的转变呢？

我们都知道，沙漠还是那个沙漠，印第安人也没有改变，只是塞尔玛的心态变了。这只是一念之间的改变，使她把原先认为恶劣的情况变为一生中最有意义的冒险。

总之，我们的心态在很大程度上决定了我们人生的成败，无论何事，积极主动就让事情成功了一半，为此，你不妨记住以下两点：

（1）我们怎样对待生活，生活就怎样对待我们。

（2）我们在一项任务刚开始时的心态就决定了最后将有多大的成功，这比任何其他因素都重要。

不要总是被动做事

主动是一种对成功的渴望，是一种极珍贵的品质，能使人变得更加积极，更加敏捷。

一些人只做被安排的"分内"工作，认为自己并没有义务做职责范围以外的事，因此很难突破自己。

主动工作的人，会学到比别人更多的经验，这些经验成为他向上发展的基石，即使日后换了工作单位，从事不同的行业，丰富的经验和良好的工作方法也会给他帮助。

工作需要积极主动的精神，需要热情和行动，以这样的态度对待工作，才可能获得工作给予你的奖赏。

张超生活在一个工薪家庭中，家中兄弟姐妹较多，他高中毕业便不得不放弃上大学的机会，到一家百货公司打工。但是，他不甘心就这样下去，每天在工作中不断学习，想办法充实自己，努力改变自己的工作境况。

经过几个星期的仔细观察，他注意到主管每次总要认真检查进口的商品账单。那些账单都是法文和德文，他便在每天上班时仔细研究那些账单，努力钻研学习与商务有关的法文和德文。

有一天，主管十分疲惫和厌倦。看到这种情况，张超主动要求帮助主管检查。

由于干得实在太出色，以后的账单自然就由他接手了。

过了两个月，他接受一个部门经理的面试。经理说："我在这个行业干了40年，根据我的观察，你是唯一一个每天要求自己不断进步，不断在工作中改变自己以适应工作要求的人。从公司成立开始，我一直从事外贸工作，也一直想物色一个像你这样的助手。因为这项工作涉及的面太广，工作比较繁杂，需要的知识很庞杂，对工作的适应能力要求也特别高。我们选择了你，认为你是一个十分合适的人选，我们相信公司的选择没有错。"

尽管张超对这项业务一窍不通，但是，他凭着对工作不断钻研的精神，让自己的能力不断提高。半年后，他已经完全可以胜任这项工作。一年后，他接替了那位经理的工作，成了这个部门的经理。

李彬在一家商店负责记录顾客的购物款，他一直认为自己完成了自己应该做的事，是一个非常优秀的员工。于是向老板提出了升职要求，没想到老板拒绝了他，理由是他做得还不够好。李彬非常生气。

一天，李彬像往常一样，做完了工作和同事站在一边闲聊。

正在这时，老板走了过来，示意李彬跟着他，开始整理那些订出去的商品，又走到食品区，清理柜台，将购物车清空。

李彬惊讶地看着老板的举动，过了很久才明白老板的用意：如果你想获得加薪和升迁的机会，就得永远保持主动做事的精神，哪怕你面对的是多么无聊或毫无挑战性的工作。

主动永远是成功者的信条。主动，就是随时准备把握机会，展现超乎他人要求的工作热情，拥有为了完成任务、必要时不惜打破常规的判断力，不让自己成为工作的旁观者。

拿破仑·希尔曾经说过："自觉自愿是一种极为难得的

美德，它驱使一个人在没有人吩咐应该做什么事之前，就能主动地做应该做的事。"

失败的一些人不但不会主动做老板没有交代的工作，甚至连老板交代的工作也要一再督促才能勉强做好。这种人大半辈子都在辛苦地工作，却得不到提拔和晋升。反之，聪明的一些人在工作中抱着积极主动的态度，努力改进自己的工作，鞭策自己不断前进，使自己从激烈的竞争中脱颖而出。

如果想获得更多的报酬，得到更大的发展空间，就必须永远保持主动超前的精神，即使面对缺乏挑战或毫无乐趣的工作。当养成了这种主动工作的习惯之后，你就可以用行动证明自己是一个勇于承担责任、值得信赖的人。

一个来自偏远山区的打工妹，由于没有特殊技能，选择了餐馆服务员这个职业。在常人看来，这是一个不需要技能的职业，只要招待好客人就可以了，看起来实在没有什么需要投入的。

这个小姑娘恰恰相反，她从一开始就表现出了极大的耐心，并且彻底将自己投入到工作中。一段时间以后，她不但熟悉了常来的客人，而且掌握了他们的口味，只要客人光顾，她总是千方百计使他们高兴而来，满意而去。这不但赢得了顾客的交口称赞，也为饭店增加了收益——她总是能够使顾客多点一两道菜，并且在别的服务员只能照顾一桌客人的时候，她却能够独自招待几桌客人。

就在老板逐渐认识到其才能，准备提拔她做店内主管的时候，她却婉言谢绝了这个任命。原来，一位投资餐饮业的顾客看中了她的才干，准备与她合作，资金完全由对方投入，她负责管理和员工培训，并且郑重承诺：她将获得新店25%的股份。

现在，她已经成为一家大型餐饮企业的老板。

相对那些只知道招呼客人的服务员而言，这位小姑娘的积极和主动无疑是获得发展机遇的最大原因。

现代社会，激烈的竞争环境呈现出越来越多的变数，任何一个公司都需要主动做事的员工，而那些事事等待老板吩咐的员工，犹如站在危险的流沙上，早晚会被淘汰。

率先主动，做一个自动自发的人。对一个老板而言，他需要的绝不是那种循规蹈矩却不能够积极主动工作的员工。真正优秀的员工还会比老板更积极、主动地工作。

对于员工而言，能准确掌握老板的指令，并主动发挥自身的智慧和才干，把指令内容做得比老板预想的还要好，升迁晋级自然指日可待。

而一些人由于害怕承担责任，在工作中一味墨守成规，惧怕改变，不愿意尝试用新的方法做事，不求有功但求无过。一些人往往认为：公司是老板的，我只是替别人工作。工作得再多、再出色，得好处的还是老板，于我何益。于是成为"按钮"式员工，天天按部就班地工作，缺乏活力，这无异于在浪费自己的生命且自毁前程，这类员工自然不会得到老板的青睐，也不会晋升加薪。

其实，成就大业的人和凡事得过且过的一些人最根本的区别在于，他们懂得为自己的行为负责，一些人只知道讨好别人和机械地完成任务，他们对自己的所作所为不愿承担任何责任。

成长是一种累积。想登上成功的巅峰，就得永远保持自动自发的精神，在快速成长中耐心等待更高的人生回报。

做一个有存在价值的人

从前有一位预言家的预言往往能够应验，百说百中。这让皇帝感觉威胁到了他的权威，于是皇帝就想置他于死地。一天晚上，皇帝召见预言家。之前，皇帝告诉埋伏在周围的士兵们，一旦他给了暗号，就冲出来杀死预言家。不久，预言家到了，在发出暗号之前，皇帝决定问他最后一个问题："你声称了解占星术而且清楚别人的命运，那么告诉我，你自己的命运如何，你能活多久？""我会在陛下驾崩前3天去世。"聪明的预言家回答说。结果，皇帝感觉到为难了。

你想，皇帝还会杀死预言家吗？皇帝担心自己会在预言家死后也死掉，结果预言家的命不但保住了，而且在他有生之年，皇帝不仅全力保护他，慷慨地赏赐他，还聘请高明的宫廷医生来照顾他的健康。最后预言家比皇帝还多活了好几年。这就是预言家的聪明。让皇帝相信失去自己可能会给他本人招来灾难，甚至死亡，皇帝就不敢冒着危险来找答案，这就是预言家真正的法力。

真正的情商高人宁愿人们需要他，而不是让别人感谢他。因为别人有求于你，便能铭记不忘，而感谢之词转眼就会忘记了。与其让别人对你彬彬有礼，不如让别人对你有依赖之心。一旦别人对你不再有依赖心，也就不会对你毕恭毕敬了。

有句成语叫"兔死狗烹"，其意在于一旦自己失去了存在的价值，就会被取代掉。只有时刻让人需要，你才能在别人心中有地位。

感激是很容易被遗忘的，如果失去了被利用的价值，感激也就显得不重要了。在生活和工作中都是如此，你所能做的就是一直完善自己，使之变得不可替代。如果你的公司离了你而无法运转，那你的地位就是最高的。

这就是我们在工作中要做的，让老板知道，失去你，对他来说是一种损失，因为你是别人不可替代的。当然，这也在于你的工作能力，要确实做到没有人可以替代你，这并不是一件简单的事。

所以，在工作中你要有意识地培养独立工作的能力，工作上的事不要依赖他人，而要能够独当一面。这样，你才有存在的价值。

办公室里最危险的局面，就是老板用理想笼络人，想让人不拿钱白干活。但真的肯不要钱干活，那你就是没价值的，既然没有价值，还有什么存在的必要呢？金钱是唯一衡量你价值的东西。你真的一无所求的话，那就为赚钱而奋斗。

缺少发现机会的眼睛

有四样东西是一去不复返的：说过的话，射出的箭，虚度的人生以及错过的机会。

对待机会，有两种态度：一为创造机会，二为等待机会。等待机会又分消极等待和积极等待两种。不过，不管是哪种等待，始终是被动的。立志于社会竞争的一些人，应该主动制造有利条件，让机会更快地降临到自己身上，也就是要创造机会。

有一天，一位先生宴请美国名作家赛珍珠女士，林语堂也在被请之列。他请求主人把他的席次安排在赛珍珠的旁边。席间，赛珍珠知道座上有许多中国作家，就说："各位何不以新作供美国出版界印刷？本人愿为介绍。"

当时在座的人都以为这只是一句客套的敷衍说辞而已，并不在意。唯独林语堂当场一口答应，回家后立即收集了一大册自己的文章，送给赛珍珠，请其斧正。赛珍珠因此对林语堂留下了深刻的印象，就有了后来的全力助其成功。

据说，当天座上客中还有吴经熊、温源宁、全增嘏等先生，单以英文造诣而言，均不下于林语堂，他们当时若能与林语堂一样认真，把作品送赛珍珠代为联系出版，那么异日的成就未必会在林语堂之下。

第二次世界大战后不久，席狄进入美国邮政局的海关工作。5年之后，他对工作中的种种限制、固定呆板的上下班时间、微薄的薪水以及靠年资升迁的死板人事制度（这使他升迁的机会很小）越来越不满。

他认为自己多年来在工作中耳濡目染，已经学到了许多贸易商应具备的专业知识，许多贸易商对这一行细节的了解不见得比他多，为什么不早一点跳出来，自己做礼品玩具的生意呢？他想象着自己的生意很快就能发展至全国规模，分公司遍及天下。然而，10年过去了，直到今天，席狄仍然在海关规规矩矩地上班。

为什么呢？因为他每次准备放手一搏时，总有一些意外事件使他停止，例如资金不够、经济不景气、新婴儿的诞生、对海关工作的一时留恋、贸易条款的种种限制以及许许多多数不完的原因，这些都是他一直拖拖拉拉的理由。

结果他使自己成为一个"被动的人"。他想等所有的条件都十全十美后再动手。由于实际情况与理想永远不能相符，所以只好一直拖下去。

人要学会主动把握机会。机会是纷纭世事中的许多复杂因子运行间偶然凑成的有利空隙，这个空隙稍纵即逝。常言道："弱者等待时机，强者创造时机。"所谓"创造时机"，不过是在万千因子运行之间，努力加上自己万千分之一的力量，希图把"机会"的运行造成有利于自己的一刹那而已。所以，要把握时机，需要眼明手快地"捕捉"，而不能坐在那里等待或拖延。

因循等待、徘徊观望是一些人成功的大敌。当他们的工作长时间不见起色时，就会抱怨某人的机遇比他们好，好像别人的成功只是运气好而已。而自己虽然付出了足够的努力，却因为背运，所以没有获得成功。然而，事实真像他们说的那样吗？

有这样一个真实的故事：

一天，大发明家爱迪生的办公室来了一个不修边幅的人，当他表明自己来此是想成为爱迪生的合伙人时，所有人都禁不住哄堂大笑——爱迪生从来就没有什么合伙人。

这个人叫巴纳斯。由于他的坚持，他赢得了一份在爱迪生办公室打杂的工作。爱迪生对他的坚毅有良好的印象，但这不足以使他成为爱迪生的合伙人。巴纳斯对此毫不在乎，他在爱迪生那里任劳任怨地做了数年设备清洁和维修的工作。

机会终于来了。有一天，巴纳斯听到销售人员在嘲笑一件最新发明——口授留声机，便自告奋勇销售这一产品。巴纳斯用之前所挣的钱跑遍了全纽约。一个月后，他卖出了七台机器。当他装着满腹全美销售计划返回爱迪生的办公室时，爱迪生真的接纳他为口授留声机的合伙人。

一个人能否成功，固然要靠机遇，但更大程度上在于他是否不懈努力，能否自己创造先机。此外还必须不观望、不退缩，想到就做，有尝试的勇气，有实践的决心。所以，尽管说情商高人的成功与某次偶然的机会密切相关。但认真想来，这偶然的机会能被创造、被发现、被抓住，而且被充分利用，又绝不是偶然的。

所以，失败的人缺少的不是机会，而是发现机会的眼睛。他们总是对朝自己走过来的机会视而不见。如果碰巧你也是这样的人，那么就不要哀叹机会不青睐自己，它就在你身边，或许不久就会来敲响你的门。但问题是，你经常在家吗？

机会就像人的天资禀赋一样，它只提供一个机缘、一个条件、一种可能。最有希望成功的人，并不是才华出众的人，而是善于利用每一次机会并全力以赴的人。

把工作做到点上

人们往往用"事半功倍"和"事倍功半"形容一个人

办事效率的高低。

为什么一些人每天拼命学习，每天总有干不完的活，加不完的班，却没什么进步？

在今天竞争日益激烈的社会，谁能够大幅度提高自己做事的效率，谁就能在最短的时间内，成功登上事业的顶峰，成为真正的成功者，因此，我们应当试着提高自己的做事效率，让生命更有价值。

我们为实现自己的梦想所做的事情不正像组织一次次进攻吗？我们花时间和精力在上面，目标就是完成进攻，实现得分。如果把有效性扔在脑后，那么效益何来？我们需要的不是简单地完成任务，而是要把工作做到点上，让每一次辛苦努力都不白费。

另外，在做工作时，一定要了解所要达到的目的。在时间和精力都很有限的情况下，让结果取得最大化。时间专家尤金·葛里斯曼的经历足以证明这一点。

在尤金·葛里斯曼当上一所大型大学院校的系主任之后，一个全国性的科学机构邀请尤金·葛里斯曼在他们的年度会议上发表论文。他以为这是有关政治方面的事，于是就答应了这个要求，并花了相当多的时间准备，但发表会的结果却令人大失所望。出席会议的就是参与这个计划的那些人，总共四个。经过这次教训，当天尤金·葛里斯曼便下定决心绝不再轻易答应任何事情。不久之后，同一个机构又请他将当时发表的内容写成一篇论文，刊登在他们没有人看的期刊上，他拒绝了。而学校中有许多老师年复一年地这样写论文、发表论文，也规规矩矩地将这些活动列在他们的履历表上。

有人认为，这些人至少做了点事情，总比什么都没做好。事实上，当他们以为自己在做一些事情时，其实什么也没有做，甚至比什么都没做更糟。

跟穷忙、瞎忙说"再见"，关键在于形成良好的习惯，要注重质量而不是一味追求数量，逐渐形成追求高效能工作的思维之后，你会发现自己比原来轻松了很多，收获也比原来更多。

威廉·詹姆斯曾说："明智的艺术就是清醒地知道该忽略什么的艺术。"不要被不重要的人和事过多打扰，因为"成功的秘诀就是抓住目标不放"。

巴拉姆担任北欧航联下属一家旅游公司市场调研部主管和公关部经理时，针对旅游中机票太贵、游客较少，而航联公司的飞机又有大量空座浪费的情况，制定了分时机票价格，大大降低了机票平均价格，吸引了众多旅客，还保住了航联公司的资源。两年后，这家中等规模的旅游机构发展成瑞典一流的旅游公司。

养成利于工作的好习惯。有些人经常会有这样的感觉：每天一进公司门就开始忙个不停，一会儿干这个，一会儿干那个，而同事看起来总是从容不迫。更让他心里不平衡的是，到月底工作量统计出来，自己的还不如同事的高。

工作中一定要懂得将工作分类。从事事务型的工作，不用太动脑子，只要按照熟悉的流程或程序做下去就可以，而且不怕被干扰和中断。如收 E - mail、写信、填写工作报表、备忘录等，这些例行公事、性质相近的事情集中在同一时间段处理，即使在精神状态不佳的情况下也能完成。

而对于那些需要集中精力、一气呵成的思考型工作，则谨慎对待，在做之前进行充分的思考，苦思之后，灵感闪现，安排在精力旺盛、思路敏捷，而且不易被干扰的时间段集中去做。通常晚上九点以后，夜深人静的时候，为自己冲上一杯咖啡，整理一天的工作报告。

人每天要处理的工作无非有两种：事务型和思考型。如果将所要做的工作这样划分，区别对待，就会收到事半功倍的效果。这种做法不仅使自己的工作效率大大提高，而且使自己拥有了更多的业余时间享受工作之外的精彩生活。

情绪好坏往往会影响到工作状态，成大事者要求自己尽量不要把一些不好的情绪带进工作里，当然谁也不可避免遭遇气愤、低落的时刻。这时，他们会闭上眼睛几分钟，告诉自己："只要不发作，就又战胜自己了。"或者到洗手间重新化个妆，洗把脸。能够管理自己的情绪，也就意味着走向成熟。

好习惯的养成，常常有助于工作效率的提高。当然，保证工作效率的最佳方法就是专注。

做事就是做人

有记者在采访一位诺贝尔奖获得者时提了这样一个问题：“您在哪里学到了您认为最重要的东西?”

对方回答说：“在幼儿园里。在那里，我学到要诚实守信，不能讲假话，把自己的东西分一半给小伙伴，不是自己的东西不拿，做错事要表示歉意等等做人的基本道德品质。不损害他人，不危害社会。这就是良心，是做事的底线。”

2000 多年前，孟子讲过这样的话：“居天下之广居，立天下之正位，行天下之大道。”今天谁要想在竞争中胜出，就必须坚守做人的道德底线，尤其是诚信这条不可逾越的道德底线。

人们常说“做事先做人”。诚信是做人的基本准则。否则，就算你认为自己已经具备很多优秀的、能够成功的素质，你也未必会得到他人的尊敬，更不会得到成功企业的重视。

在一个先进的企业里，员工最需要具备的素质不是优越的智力，而是诚信。诚信比才干更重要。

有一个老华侨，在国外事业做得很大，但思乡情重，想出资在家乡办厂。消息传开后，很多人纷纷与他联系，愿意与他合作，因为大家都看到此事有利可图。这让老华侨在挑选合作者方面犯了难。

最后，他在众人中挑了两个比较合适的人选，想在他们二人中挑出一个来与自己合作，并把他在国内投资的所有项目都交给他管理。有一天，他叫来那两个人说："我本人没有什么爱好，唯独酷爱下棋，今天，你们谁下赢了我，那么我就会与谁合作。"

那两个人也都是下棋高手，棋下得都很好。

第一个人与老华侨下了起来，最后老华侨以微弱的优势战胜了他。

第二个人很精明，在下棋当中，老华侨起身去倒了一杯水，第二个人以为他不在意，偷偷换了一颗棋子，其实这一切全被老华侨从房间的监视器里看到了。

最后，第二个人获得了胜利。但是，后来老华侨却选择了第一个人来管理自己在国内的企业。

老华侨感慨地说："第一个人虽然没有赢我，但是他却是凭着自己的实力，没有想着去耍小聪明，诚心诚意地与我对弈。这也是一个人的人生态度问题，从中可以看出他是可信的。而第二个人却偷换了一颗棋子。虽然这是一件小事，但是可以看出他的品质低下，弄虚作假，做人不真诚。与这样的人合作我不能放心。"

不要让"一时的聪明"成为你"终生的悔恨"。真诚从来都是对等的,人心从来都是相互的。你对人真诚,人对你必定真诚;你对人欺诈,人对你也会欺诈。如果不养成诚信的习惯,就很容易堕落下去。

当一个企业第一次撞破诚信底线,从欺骗一个顾客中尝到甜头时,在利益驱动下它会为了更大的利益去骗更多的顾客;当一个员工第一次报了假账后,他就会习惯性地继续报假账,而且,数额会越来越大;当一个学生第一次考试作弊成功后,他就会习惯性地作弊,甚至找"枪手"代考。

"从善如登,从恶如崩"。从长远来看,由"小恶"发展到"大恶"就像走下坡路一样,如果不及时纠正,很快就会滑入深渊;反之,从"大恶"回归"诚信"就像是在爬陡峭的山坡,一定是一件非常吃力的事。

真诚不仅取决于你自身的素质与品德,而且还要靠自己去主动表现。人们对台塑集团董事长王永庆的成功很感兴趣,当被问及什么是他创造了亿万财富的秘诀时,王永庆答道:"最要紧的是诚信待人。如果你失去诚信,你周围的人迟早会离开你。一个企业不只是靠一个人,是靠大家的。单单你一个人,再有能力也没有用。历史上项羽力能扛鼎,非常能打仗,但最后还是失败了。这就告诉你,一个人再有魅力，也成不了事。你要以诚待人，有好的管理，有好的人员，有好的制度，每个人都帮你的话，你一定能成功。"

诚恳是一切人性的优点的基础。它本身要通过行动体现出来，要通过说话展现出来。它意味着值得信赖，能让人确信它是可信的。当人们认为一个人可信的时候，他就是一个坦诚的人。也就是说，当一个人说他知道某件事时，他确实知道这件事；当他说他将去做某件事时，他的确能做而且做了这件事。因此，值得信赖是赢得尊重和信任的通行证。

做事就是做人。在处理事情的过程中，前期判断、实施过程和最终结果都要注入你个人的态度、经验和能力，通过对各种局面、各种关系的分析、预测，谨慎处理好其中最有价值、最有影响力的部分，并对次要部分进行关怀，让事件的结果在符合预期目标的同时，更焕发出强烈的个人风格和魅力。事情的结果很重要，而能否通过事件宣传你个人的能力和魅力更加重要。即使事情的结果可能不是很完美，但依然可以给你自己加分。

事前多准备几个预案

孔子曾说："乱之所生也，则言语以为阶。君不密，则失臣；臣不密，则失身；几事不密，则害成；是以君子慎密而不出也。"有时候，之所以发生混乱，主要是做事不缜密。如果君主的言语不缜密，就会失去有才能的臣子，如果臣子的言语不缜密，就会招祸失掉生命；机密的大事不缜密，就会造成灾害，因此，做事一定要缜密。俗话说："小心驶得万年船。"智慧地处理事情的方法是需要细心、冷静的研究，凡事多想一步，胜算就会多一点。尤其是越是混乱的时候，越需要注意这一点。在做事的时候，需要将一切事情安排妥当，再借机行事，如此才能将事情做好。如果事先未能做好准备，在紧要关头出现了纰漏，那可是为时已晚。

《三国演义》中曹操率领大军驻扎在长江中游的赤壁，企图打败刘备以后，再攻打孙权。刘备采用联吴抗曹之策，与吴军共同抵抗曹操。当时，孙权和刘备兵力薄弱，而曹操兵多将广，处于优势位置。对此，诸葛亮和周瑜商讨破敌良策，两人不谋而合，都主张用火攻一举击败曹操。

可是，当一切准备工作都做好之后，周瑜却发现曹操的船只停在大江的西北，而自己的船只靠南岸。当时正值冬季，只有西北风，如果采用火攻，不但烧不了曹操的大军，反而会烧到自己的头上，只有刮东南风才能对曹军发起火攻。周瑜眼见火攻不能实现，急得病倒在床上。这时，诸葛亮前来探望周瑜，问道："你为何得病？"周瑜不愿说出实情，就说："人有旦夕祸福，怎能保住不得病呢？"

其实，诸葛亮早就猜透了他的心事，就笑着说："天有不测风云，人怎能预料到呢？"周瑜听到诸葛亮话中有话，非常惊讶，就问："有没有治病的良药？"诸葛亮说："我有个药方，保证治好您的病。"说完，就写了16个字，递给周瑜，这16个字就是"欲破曹公，宜用火攻，万事俱备，只欠东风"。

其实，诸葛亮预测到近期肯定会刮几天东南风，他对周瑜说："我有呼风唤雨的法术，借给你三天三夜的东南大风，你看怎样？"周瑜高兴地说："不要说三天三夜，只一夜东南大风，大事便成功了！"

在"火烧赤壁"中，诸葛亮和周瑜不约而同地想到了火攻曹军，并做好了一切准备工作，等待时机的到来。而在这之前，诸葛亮又预测到了近期将有东南风刮过，自然，火烧曹军那是势在必得，而且可谓是"天时地利人和"。在这里，体现了诸葛亮谋事的机智和缜密，大胆采用火攻之策，虽然，火攻能一举击败曹军，但是，若是不能借风，那自是枉然。对此，诸葛亮早就料到了将会刮几天的东南风，在如此周详的计划下，火烧赤壁才能达到成功。

1. 缜密思考

在日常生活中，做一件事情应该有详细的计划、缜密的思考，如此才能预料到事情发展过程中出现的问题，并及时地想好对策。否则，光凭着冲动与激情，最终只会失败。

2. 等待时机

所谓"万事俱备，只欠东风"，做好了一切准备工作之后，你所需要做的就是等待有利的时机。在生活中，有的事情是出乎我们意料之外的，事实上，每一件事情都是有它的变化轨迹的，没有一成不变的事情。因此，事情的变化将意味着我们思绪的变化，懂得灵活处理，事前多准备几个预备方案，如果事情一旦有变，也会有好的安排。

第三章 做事好心态：勇于做一个奋斗不息的人

积极乐观的心态帮你处世

人生短短数十载，困难和挫折都在所难免，我们不能预知未来，但我们可以以一颗坦然的心面对。只要做到积极乐观、永不绝望，就一定能走出逆境。当我们遇到逆境时，千万不要忧郁沮丧，无论发生什么事情，无论你有多么痛苦，都不要整天沉溺于其中无法自拔，不要让痛苦占据你的心灵。困难来临时，我们一定要给自己必胜的信念，要有勇气直面困难、打倒困难，以顽强的意志战胜困难。

第二次世界大战期间，在德国纳粹战俘营，德国士兵经常要求英国战俘跟他们踢球。贝鲁姆被俘前是优秀的狙击手，也是技术精湛的足球前锋。比赛在监狱满是沙砾的场地上进行，与其说是比赛，还不如说是德国纳粹折磨战俘的一种办法。

纳粹不给战俘球员足够的食物，让他们饿得眼冒金星去参加比赛。德国人借此大比分获胜，然后奚落英国人为猪。

但是，圣诞节前的一场比赛发生了意外，震惊了观看那场比赛的人中的德国纳粹高级官员。贝鲁姆在比赛前吃了狱友积攒下来的黑面包，有了足够的体力去比赛。比赛只进行了三分钟，贝鲁姆就像野马一样顺利打乱德国人的防守，冲入禁区，一脚抽射，首破德国人的大门。最后，德国队虽然仍是大比分获胜了，但是他们"战无不胜"的神话已被一个缺少食物的战俘打破。不久，贝鲁姆被秘密处死。事先，他已经知道会如此。一位英国作家曾经多次提到过这个叫贝鲁姆的人，他说，那场圣诞球赛后，贝鲁姆成为战俘营中希望和信念的支柱。

五十多年后，英国的一家体育电台播出了这个故事，结果接到了上千个电话，其中有一位老人是贝鲁姆的战友，他说，自从贝鲁姆进了一球后，他就坚信英国必胜。

贝鲁姆为什么能胜利？因为他坚信自己能成功，因此，他是积极乐观的。的确，人的一生就像一场比赛，你不可能总是处于优势地位，有时候你会遇到挫折，只要你继续参加比赛，就有希望获得让你满意的成绩。天才未必就能富有，最聪明的人也不一定幸福，想要摆脱人生的困境，你要记住让希望的阳光照进心田，要努力拯救自己摆脱困境。

生活中，许多人一陷入困境，就悲观失望，并给自己施加很重的压力，其实这时应告诉自己，困境是另一种希望的开始，它往往预示着明天的好运气。因此，你只要放松自己，告诉自己希望是无所不在的，再大的困难也会变得渺小。

美国亿万富翁、工业家卡耐基说过："一个对自己的内心有完全支配能力的人，对他自己有权获得的任何其他东西也会有支配能力。"当我们开始运用积极的心态并把自己看成成功者时，我们就开始成功了。

那么，为了培养乐观的精神，我们该怎么做呢？

1. 摒除那些消极的习惯用语

这些消极的习惯用语一般有：

"我真是不知道如何是好了！"

"谁能救救我？"

"我真累坏了。"

相反，我们可以这样说来激励自己：

"累了一天，能这样休息真好啊！"

"再大的困难，我也能挺过去！"

"我要先把自己家里弄好。"

"我就不信我战胜不了你！"

2. 听听愉快、鼓舞人的音乐

每天早上，当你起床后，就要接触那些积极的信息。

如果可能的话，和一位积极心态者共进早餐或午餐。不要去看早上的电视新闻，你只要浏览一下当天报纸上的几条重要新闻即可，它足以让你知道将会影响你生活的国际和国内新闻。看看与你的职业及家庭生活有关的当地新闻，不要向诱惑屈服而浪费时间去阅读别人悲惨的花边新闻。在开车上班或上学途中，听听电台的音乐。晚上不要坐在电视机前，要把时间用来和你所爱的人谈谈天。

3. 从事有益的娱乐与教育活动

观看介绍自然美景、家庭健康以及文化活动的节目。

挑选电视节目及电影时，要根据它们的质量与价值，而不是注意商业宣传。

4. 情绪比较法

当心情不好时，你不妨去访问孤儿院、养老院、医院，你会发现，这个世界上比你不幸的人多得是。如果情绪仍不能平静，就积极地去和这些人接触；和孩子们一起散步游戏，这样，你的坏情绪就会因为做这些善良的事而逐渐平息下来。通常只要改变环境，就能改变自己的心态和感情。

快乐的情绪非常重要

人们穷其一生，都在追求快乐，因为只有快乐才是人生幸福的唯一标准。然而，什么是快乐呢？一般字典上对快乐下的定义多半是：觉得满足与幸福。德国哲学家康德则认为："快乐是我们的需求得到了满足。"的确，快乐是一种美好的状况，也就是没有不好或痛苦的事情存在，你觉得个人及周围的世界都挺不错。然而，与快乐相伴相生的，还有痛苦，快乐与痛苦是生活中永恒的旋律，谁也不敢保证自己时时刻刻都是幸福和快乐的，我们应看重的不是痛苦和欢笑，而是心在痛苦和欢笑时的选择。

一个农夫家里有两个水桶，它们一同被吊在井口上。其中一个对另一个说："你看起来似乎闷闷不乐，有什么不愉快的事吗？"

"唉，"另一个回答，"我常在想，这真是一场徒劳，好没意思。常常是这样，刚刚重新装满水，随即又空了下来。"

"啊，原来是这样。"第一个水桶说，"我倒不觉得如此。我一直这样想：我们空空地来，装得满满地回去！"

在现实生活中也是如此，处于同样的环境之中，有人觉得幸福，有人深感不幸；两个人同时望向窗外，一个人看到星星，另一个人看到污泥。这代表着两种截然不同的态度。

在人生的路上，快乐的情绪非常重要。生活是一门艺术，缺少了快乐这支彩笔的渲染和点缀，艺术的色调就会变得灰暗，变得枯燥乏味。通过对生活的悉心观察，我们会发现，快乐具有无穷的能量，蕴藏着强大的生命力和创造力。所有关于快乐的研究结果都在表明，懂得享受快乐的人，往往是那些忙碌、有活力、性格外向的人。一个开朗豁达，生活态度积极向上的人，也往往是一个快乐的人和成功的人。用一种忧郁的心境去体味人生、去看待人生，那人生便会成为一种折磨、一种煎熬。

那么，我们怎样才能获得快乐的情绪呢？

1. 承认痛苦的存在

这一天，本·沙哈尔正在哈佛的食堂吃饭，有个学生走到面前，问道："你就是那个教人如何快活的老师吧？"

这位学生接着说："你要小心，我的室友选了你的课，如果哪天我发现你并不快乐，我就要告诉他，别再上你的课。"本·沙哈尔看着这个学生，笑着道："没关系，我现在就可以告诉你，我也有不快乐的时候，因为我们是人。"

2. 着眼于眼前的工作

一群年轻人到处寻找快乐，却遇到许多烦恼、忧愁和痛苦。他们向老师苏格拉底询问快乐到底在哪里。

苏格拉底说："你们还是先帮我造一条船吧！"

年轻人们暂时把寻找快乐的事放到一边，找来造船的工具，用了七七四十九天，锯倒了一棵又高又大的树；挖空树心，造成了一条独木船。独木船下水了，年轻人们把老师请上船，一边合力荡桨，一边齐声唱起歌来。苏格拉底问："孩子们，你们快乐吗？"

学生齐声回答："快乐极了！"

苏格拉底道："快乐就是这样，它往往在你忙于做别的事情时突然来访。"

3. 只跟自己比，不和别人攀

真正的快乐是发自内心的、无拘无束的，但你是否发现，从孩提时代起，你就告诉自己，要比周围的人优秀，你有来自各方面的压力，这种压力随着年龄的增长越来越强烈。因此，你处处想表现优异，以为自己非得十全十美，别人才会接纳自己、喜欢自己。一旦发觉自己处处不如人时，就开始伤心、自卑，结果当然毫无快乐可言。

你应该摒弃那些世俗的衡量标准，以自己为比较对象，想想当初起步错在哪里，如今有无进展。如果你真的已经尽了力，相信一定会今天比昨天好，明天比今天更好。

4. 关心周围的人、事物

我们每个人都生活在一定的社会圈子里，没有人可以单独存活于世，因此，如果你把自己封闭起来，只关心自己，那么，你的视野会慢慢变得狭隘。而假如你对某些人、事物很关心的话，你对生命的看法一定会大大的改观。

你应该关心什么？关心谁呢？想一想，我们虽然平凡，但我们可以为社会、为他人尽一份绵薄之力，比如，你可以去孤儿院、敬老院，为他们干干活儿、打打杂，只有付出一点，你就会快乐些。心理学家艾力逊曾经说过："只顾自己的人结果会变成自己的奴隶！"关怀别人的人不但能对社会有所贡献，更可以避免枯燥乏味、毫无情趣的生活。

因此，要记住，开启快乐之门的钥匙实际上就掌握在你自己手中！

注重礼仪和习惯

日常生活中，有这样两种人，一种注重日常行为习惯，注重利益外表，给人积极向上的印象；而另一种，则生活颓废，蓬头垢面，即使出现在公共场合，也丝毫不顾及自己的形象。面对这两种人，你更愿意与哪种交往？很明显，是前者！也就是说，一个积极向上的人必定注重礼仪与习惯，以这样的状态，无论做人做事，都会带来积极的效果。

这里，需要我们从礼仪和习惯两个方面加以阐述。

一、礼仪

什么是礼仪呢？简单地说，礼仪就是礼节和仪式，它有三大要素：语言、行为表情、服饰器物。一般地说，任何重大典礼活动都需要同时具备这三种要素才能完成。礼仪的分类很多，可以分为个人礼仪、家庭礼仪、社会礼仪、商务礼仪等，还有外事礼仪、习俗礼仪、礼仪文书等。

从个人修养的角度来看，礼仪可以说是一个人内在修养和素质的外在表现。从交际的角度来看，礼仪可以说是人际交往中适用的一种艺术，一种交际方式或交际方法，是人际交往中约定俗成的示人以尊重、友好的习惯做法。从传播的角度来看，礼仪可以说是在人际交往中进行相互沟通的技巧。

从个人的角度来看，礼仪的主要功能，一是有助于提高人们的自身修养；二是有助于美化自身、美化生活；三是有助于促进人们的社会交往，改善人们的人际关系；四是有助于净化社会风气。

注重礼仪，需要我们从以下几个方面努力：

1. 仪容仪表

仪容上，我们要做到干净整洁，并清洁到细处，要把脸、脖子、手都洗得干干净净；勤剪指甲勤洗头；早晚刷牙，饭后漱口，注意口腔卫生；经常洗澡，保证身体没有异味；衣着要干净、整洁、合体。

2. 行为举止

这一点，我们要达到的目标就是"站如松，行如风，坐如钟，卧如弓"，主要从站、坐、行以及神态、动作方面提出要求。

这里，你需要在站姿上做到挺拔、精神，身体直立、挺胸、收腹等。

坐姿上要避免无精打采、耸肩、塌腰，千万不能半躺半坐。

行走时要昂首挺胸，肩膀自然摆动，步速适中，防止八字脚、摇摇晃晃，或者扭捏碎步。

3. 表情神态

与人交往要面带自然微笑，千万不要出现剔牙、掏耳、挖鼻、搔痒、抠脚等不良习惯动作。要表现出对人的尊重、理解和善意。

4. 言谈措辞

这要求我们使用文明礼貌用语，如您好、谢谢、请、对不起、没关系等。要做到态度诚恳、亲切，使用文明语言，简洁得体，既不能沉默寡言，也不能啰唆重复。

二、习惯

一种行为习惯，是人们成长过程中，在很长一段时间内逐渐形成的一种行为倾向。从某种意义上说，"习惯是人生最大的指导老师"。世界著名心理学家威廉·詹姆士这么说：

播下一种行为，收获一种习惯；

播下一种习惯，收获一种性格；

播下一种性格，收获一种命运！

可见，好的习惯是十分重要的，它可以让人的一生发生重大变化。满身恶习的人，是成不了大气候的，唯有好习惯的人，才能实现自己的远大目标。

每个人都想有一个好的习惯，但如何才可以养成一个好的习惯呢？

有一位禅师，带领一帮弟子来到一片草地上。他问弟子们，怎么可以除掉草地上的杂草。弟子们想了各种办法，拔、铲、挖等。但禅师说，这都不是最佳办法，因为"野火烧不尽，春风吹又生"。"什么才是最好的办法呢？"禅师说，"明年你们就知道了。"

到了第二年，弟子再回来发现，这片草地长出了成片的庄稼，再也看不见原来的杂草。弟子们才明白最好的办法原来是在草地上种粮食。

这是禅师的智慧——用庄稼根除杂草。我们在培养习惯时，是否可从禅师那里领悟借鉴呢？好习惯多了，坏习惯自然就少了。

习惯的养成，并非一朝一夕之事；而要想改正某种不良习惯，也常常需要一段时间。根据专家的研究发现，21天以上的重复会形成习惯，90天的重复会形成稳定的习惯。

习惯的形成大致分成三个阶段：

第一个阶段是 1 ~ 7 天

这个阶段的特征是"刻意，不自然"。这期间，你必须提醒自己，要努力改变自己，即使你觉得不适应、不习惯。

第二个阶段是 8 ~ 21 天

这一阶段的特征是"刻意，自然"，经过前一段时间的改变和调整后，你可能会觉得已经自然多了，但你要注意，这仍然是一个习惯的形成期，一不留神，你就会回到前一段时间的状态，因此，你还需要刻意地提醒自己改变。

第三个阶段是 22～90 天

这个阶段的特征是"不经意，自然"，其实这就是习惯，这一阶段被称为"习惯性的稳定期"。一旦你进入这一阶段，就证明你的"改造"成功了，这个习惯已成为你生命中的一个有机组成部分，它会自然而然地不停为你"效劳"。

踏实做好每一件小事

可以说，生活中任何人都有自己的梦想，而且梦想多半都是伟大的。而梦想与现实间总是有一定的差距，人们似乎总是在从事着与自己梦想并不相干甚至相背离的事业，于是，有些人对手头工作似乎总是嗤之以鼻，认为这是小事。而事实上，任何事情并没有大小之分，只看你对它的态度。

有人说，人生如梦，在须臾之间就已老去。即使你现在还年轻，唯有脚踏实地做好眼前事，为成功奋斗，从现在起，树立奋斗的信念并付诸实施，才不至于老之将至时悔之晚矣。因为幸福、成功等，都不会从天上掉下来，这是自古不变的道理。而任何一个人，即使再天资聪颖，不付出努力，也不能有所作为。才以学为本，学而为智者；不学而为愚者。想练就非凡的技艺，就必须从现在起端正你的态度，就要多训练、多吃苦、多研究。追求卓越，不能完全松懈。日日行，不怕千万里；常常做，不怕千万事。

东汉时有一少年名叫陈蕃，自命不凡，一心只想干大事业。一天，他父亲的朋友薛勤来访，见他独居的院内脏乱不堪，便对他说："孺子何不洒扫以待宾客？"他答道："大丈夫处世，当扫天下，安事一屋？"薛勤意识到陈蕃志向远大但态度不对，于是当即教育他说："一屋不扫，何以扫天下？"陈蕃无言以对。

这里，陈蕃有梦想吗？有！但是他的梦想太空大。陈蕃志向远大固然不错，但是他没有意识到，"扫天下"必须从"扫一屋"开始。百川归海成就海的浩瀚壮观，小事累积成就人生的不凡与丰富。

现实生活中，不乏陈蕃这样的人，他们空有一腔抱负，却不践行，要知道，从古至今，任何一个能做到99%勤奋的人都能最终取得成功。

列文虎克1632年生于荷兰的代尔夫特，他的父亲是制造篮子的手工艺人，母亲来自酿酒艺人家庭。6岁时列文虎克的父亲就去世了。小时候列文虎克还是接受了一点基础教育，16岁时他就挑起了养家糊口的重担，到首都阿姆斯特丹的一家布店当学徒。6年的学徒生活结束后，列文虎克回到家乡，凭自己的手艺开了一家布店。不过他的生意可能并不成功，因为他很快就转行，担任代尔夫特市政厅的看门人。

看门人是不受人重视的社会群体，他们每天开门、关门，来客登记，有时兼任打扫卫生的工作，在每天的大部分时光中，他们只是坐在接待室里的椅子上，看着进进出出的人们。

由于看门工作比较轻松，时间充裕，列文虎克经常可以接触各行各业的人。在一个偶然的机会里，他从一位朋友那里得知，在首都阿姆斯特丹有许多眼镜店，除磨制镜片外，也磨制放大镜。朋友告诉列文虎克，放大镜是一种很奇妙的新玩意，可以将很微小的东西放大，使观察者可以清清楚楚地观看。

于是，在接下来的时间里，他用打磨镜片来打发闲暇时间，这一磨，就是60年，而正因为他的专注和细致，他的技术居然超过了专业人员的技术。更不可思议的是，他居然通过打磨镜片发现了当时科学界尚未发现的世界——微生物世界。从此，他名声大振。

1723年，91岁的列文虎克在弥留之际，将自己制作的部分显微镜、放大镜，以及精良仪器的制作秘诀，赠送给了英国皇家学会。一个普通的看门人，用自己持久的好奇心、执着勤奋的精神和微薄的收入，开辟出一片崭新的科学研究天地，他的故事永远值得后辈人牢记在心，仔细寻味。

一个人不可能随随便便成功，列文虎克的成功再次向我们证明，细节决定成败，事情不分大小，只要努力都能成就一番事业。一个人如果能从小养成追求完美的习惯，那么，他的一生将会过得满足愉快，无牵无绊。

因此，从现在起，再也不要当那个"差不多"先生、"差不多"小姐了，一个人，即使他的理想再瑰丽，如果不付诸行动，那么，理想也只能是美丽的肥皂泡、空中楼阁。一屋不扫，何以扫天下！千里之行，始于足下！行动起来吧！踏踏实实地做好每天的每一件你应该做的小事，自理、自立、坚强、勇敢、勤奋、执着、追求……

保持积极的心态

俗话说："世事无常，天有不测风云，人有旦夕祸福。"我们不能预知生活的各种情况，但我们可以选择面对生活的态度，正确的心理态度和良好的习惯会有积极的收获。行为心理学告诉人们，心态是能影响人的，尤其是在困境中的人们，能否突破困境，找到解决问题的方法，关键取决于其心态。

美国"牛仔大王"李维斯的西部发迹史中曾有这样一段传奇：

当年，他也像许多年轻人一样，带着梦想前往西部追赶淘金热潮。

一天，他发现有一条大河挡住了他西去的路。苦等数日，被阻隔的行人越来越多，但都无法过河。于是，陆续有人向上游、下游绕道而行，也有人打道回府，更多的则是怨声一片。李维斯想，只要能赚钱，为何一定要淘金呢？我如果有办法把这些急需渡河的淘金者送到对岸去，不一样能赚钱吗？

于是，他来到大河边，就地砍伐竹子，编扎成竹排，产生了一个绝妙的创业主意——摆渡。西去的淘金者都急于过河去淘金，没有人吝啬渡船过河的小钱。很快，他人生的第一桶金就在这里淘到了。

一段时间后，去西部挖黄金的人越来越少了，摆渡生意开始清淡。他决定继续前往西部淘金。来到西部，他发现这里到处都是淘金的人，想找一块合适的地方挖金太难了。怎么办？

这时他发现，这里不缺黄金，但是缺水。金山上因为人太多，淘金者白天都要喝水，晚上又需要水洗澡、洗衣。于是，李维斯到处去寻找水源，挖掘成井，然后每天用车把水运送到淘金的工地上。卖水的生意进行得非常红火，他又大赚了一笔。别人看见他卖水也能赚大钱，很快也都跟着卖起水来。这时，他又开始重新调整自己注意的焦点了。

他发现，在这里淘金的人，穿的衣服都极易磨破。同时，他又发现，在这里到处都有废弃的帐篷，于是他就把那些废弃的帐篷收集起来，洗干净，然后缝成了耐磨的裤子，卖给那些淘金者们。这就是世界上第一条牛仔裤！从此，他一发不可收拾，最终成为举世闻名的"牛仔大王"。

李维斯为什么能成为"牛仔大王"？他成功的秘诀在哪里？就在于他始终能正视眼前的困难和压力，并能适时地转换观念，寻找到新的突破口，走出了一条许多人想不到、走不通的路。他也就是凭这样的心态，走到了人生的制高点。

因此，无论你自身条件如何不好，不管你遇到何种困难，只要你能保持积极的心态、微笑面对，并能大胆挑战，就可能到达成功的彼岸。

那么，身处困境的人们，你该如何做呢？

1. 学会不再埋怨

有3个人要被关进监狱3年，监狱长满足他们每人一个要求，美国人爱抽雪茄，要了三箱雪茄；法国人最浪漫，要一个美丽的女子相伴；而犹太人说，他要一部与外界沟通的电话。3年后，第一个冲出来的是美国人，嘴里鼻孔里塞满了雪茄，大喊：给我火，给我火！原来他忘了要火。接着出来的是法国人，已经孩子成群。最后出来的是犹太人，他紧紧握住监狱长的手说：这 3 年来我每天与外界联系，我的生意不但没有停顿，反而增长了 200%，为表感谢，我送你一辆劳斯莱斯！

2. 学会微笑

心理学家认为："会不会笑，是衡量一个人能否对周围环境适应的尺度。"多笑一笑，你会发现，真的没有什么大不了，微笑会使你变得坚强。

3. 学会接受

面对困难时，一味地逃避和责备，都属于消极处世，而无益于任何问题的解决。因此，在处理问题之前，我们一定要摆正心态，只有先接受现状，才能调整状态。

真正的自信与坚强，都来自自我的悦纳。悦纳自己就是接受自己目前的状态，并报以积极的态度直面它，做到不责备、不逃避、不遗忘。只有真正的悦纳自己，人才会超越自身的束缚，释放出最大的能量。

4. 心怀必胜、积极的想法，并努力付诸行动

生活中，不是因为有些事情难以做到，我们才失去自信；而是因为我们失去了自信，有些事情才显得难以做到。在做到自信面对困难的同时，我们同样要付诸行动，才能真正决胜于千里，解决困难，超越现在！

学会保持镇定

人生在世，我们都愿意处于欢乐和幸福之中。然而，生活是错综复杂、千变万化的，并且经常发生一些我们预料不到的突发事件，这就可能导致我们的心理不平稳。但只要我们适时给自己一针心理"稳定剂"，就能始终保持一份好心情。

20世纪50年代初，美国总统杜鲁门会见十分傲慢的麦克阿瑟将军。

会见中，麦克阿瑟拿出烟斗，装上烟丝，把烟斗叼在嘴里，取出火柴，准备划燃火柴，却突然停下来对杜鲁门说："我抽烟，你不会介意吧？"

显然，这不是真心征求意见，因为他已经做好抽烟的准备了。在这种情况下，如果杜鲁门说"我介意"，当然不太合适，对方这种傲慢言行使他有些难堪。

然而，杜鲁门看了麦克阿瑟一眼，并没有生气，而是笑道："抽吧，将军，别人喷到我脸上的烟雾，要比喷在任何一个美国人脸上的烟雾都多。"

杜鲁门这一番话表面上是在开玩笑，实际上委婉地表达了自己的不满和无可奈何。同时，又体现出说话者的大度胸怀。而如若他当时不能平静内心，而是一时意气，恐怕就不会有如此圆满的结果。

　　的确，生活中，我们不免会遇到他人的伤害或者一些困扰之事，只有保持内心的平静，遇事冷静思考，才能想到更好的解决问题的办法。保持内心的平静，就是要在事情来了之后，不慌不忙地坦然面对，尽量争取做得圆满无缺。只有这样，心中才不会留下遗憾，做人才会更轻松。而相反，如果不能很好地控制自己，很可能会让事情更加复杂，难以处理。这种遇上困难就心理紧张、有压力，在很多方面会给我们带来不利的影响。

　　首先，对身体健康不利。

　　其次，很可能会对自己的人生目标以及个人追求带来一些负面影响，甚至会让你丧失自信心。

　　当然，在我们身边，有这样一些人，他们能做到临危不乱、处变不惊，总是泰然自若，无论发生什么，他们都不会失去方寸，我们应该怎么做才能像他们那样呢？

　　两只青蛙一不小心掉进了牛奶桶，牛奶不同于清水，黏稠而又混浊。一只青蛙悲哀地叹了口气说："这下完了，我们肯定出不去了，只有在这里等死了。"于是它放弃了努力，没挣扎几下，就沉入桶底，再也没有起来。另一只青蛙一声不吭，可它心中暗想："我多坚持一会儿，就会多一点获救的希望，说不准一会儿就有人把我捞出去，我就又可以晒太阳了。今天的天气可真好啊，我可不愿意错过这么好的阳光！"于是它沉着而均匀地滑动四肢，尽量节省体力，保持身体的平衡。没想到由于它的不断搅动，牛奶逐渐变成坚硬而结实的奶油。这只青蛙两腿用劲一蹬，轻轻一跳就跳出了牛奶桶。

从这个故事中，我们发现，人们的心理是可以调节的。心理学家艾克曼的实验表明，一个人总是想象自己进入某种情境，感受某种情绪，结果这种情绪十之八九真会到来。我们常常逗眼泪汪汪的孩子说："笑一笑呀"，结果孩子勉强地笑了笑之后，跟着就真的开心起来了。

其实，日常生活中保持良好心情的"砝码"就在你的手中。

1. 转移注意力

当你遇到一些会使你心烦意乱甚至怒火中烧的事情时，此时最应该做的就是迅速转移你的注意力，把原来的不良情绪冲淡以至赶走，重新恢复心情的平静和稳定。

2. 反应得体

有时候，当你遇到不平之事，有情绪是正常的，但无论遇到什么事，你都不能忘了要体面地应付，为此，你必须要保持冷静、心平气和地让对方明白他言行的错误之处，而不应该迅速地做出不恰当的回击，不给对方承认错误的机会。

3. 将心比心

如果我们做事、说话都能站在对方的角度考虑一下，就事论事，那么你会觉得没有理由迁怒于他人，自己的气自然也就消了。

4. 宽容大度

当我们做到宽容大度时，也自然能平静地对待遇到的不平事了。

人与人之间总免不了有这样或那样的矛盾，同事、朋友之间也难免有争吵、纠葛。只要不是大的原则问题，应该与人为善，宽大为怀。绝不能有理不让人，无理争三分，更不要为一些鸡毛蒜皮的小事争得脸红脖子粗，伤了和气。

总之，在面对突发事件时，学着如何保持镇定，努力控制自己是非常重要的。认真思考是非常重要的第一步，在做出行动前，冷静地考虑整个情形，事情将会变得更加容易控制！

遇事有变，泰然处之

在生活中，面对任何事情，我们都需要多花一点心思，遇到事情有了变化，应保持从容不迫，灵活应付，否则，稍有不慎，就会在小风浪里翻了船。当然，这需要我们具备的是一份机智，一种从容不迫的心态。在做事的准则上，需要保持"泰然之道"，即遇事泰然处之，所谓"船到桥头自然直"。有时候，我们会遇到棘手的事情，这时，大多数人会感到心慌意乱，不知道该怎么办，最后，事情似乎就真的没有转机了。其实，遇事慌乱只会让我们失去平和的心境，以至于你所作出的判断、决策都很不利于事情的发展。相反，若你能保持从容不迫，不慌不忙，镇定自若地处理棘手之事，那么，事情说不定还有转机，它会朝着好的方向慢慢发展。

所谓"山重水复疑无路，柳暗花明又一村"，在生活中，我们难免会遇到挫折与困境，甚至，是毁灭性的打击，但是，在这时，任何紧张、慌乱都是没有用的，于事无补。努力平复心绪，做到随机应变，才能变不利为有利，最后，才能走出困境。再大的事情，我们也要学会适应，接受这一切。对于我们无法改变的事情，只有欣然接受，保持从容不迫的心态，慢慢去适应，不要为未来的事情担心忧虑，因为没有人会知道未来会发生什么。所以，多学习处事的泰然之道，遇到事情，不要杞人忧天，不要忧郁、不要紧张、不要急躁。

光绪八年，胡雪岩的生意受到了洋行和官场反对势力的两面夹击，似乎已经到了最危急的关头。在官场中，李鸿章与左宗棠一向不和，而胡雪岩则属于左宗棠的门下，要军饷、要粮食，只要左宗棠开口，胡雪岩都积极办理。李鸿章早就有铲除左宗棠羽翼的打算，于是，先拿胡雪岩开刀，派人暗中传出谣言，谎称胡雪岩的阜康钱庄内部空虚、信用不足。

由于外商联手对胡雪岩进行排挤，再加上四处传播的谣言，上海阜康钱庄总号出现了挤兑风波。这时，胡雪岩已经陷入了四面楚歌的境地，而恰在这关键时刻，胡雪岩女儿出嫁的吉期在即。按一般人来说，生意已经处于危机中，儿女的婚事不应过分铺张，尽量减少开支。就连胡雪岩身边的朋友也觉得，这场婚事既然已经定下来了，应该按风俗办，至于场面嘛不宜太大，只要女儿不委屈，大家都是可以理解的。

但是，胡雪岩却有自己的想法，他觉得越到这个时刻越不能松懈，否则，一切都前功尽弃了。于是，他像什么事情都没有似的，对家人说："既然是喜事，该怎么办就怎么办，再难也要将场面捧起来。"如此的泰然之举，平复了家人紧张的心境。以胡雪岩定下的宴请局面，至少需要二十万两银子。一旦无法将场面按计划办得红红火火，别人就会认为胡雪岩资金真的出现紧张，这对维持大局不利。

有了这样的想法，于是，到了女儿办喜事的那一天，胡府张灯结彩，轿马连连，有各式各样的灯牌、彩亭、仪仗，而帮忙办事的那些人全部是一色的蓝袍黑褂，挑夫则是蓝绸边红棉袄，场面十分气派。

喜事过后，阜康钱庄依然开门，而胡雪岩在杭州所有的生意都风平浪静，钱庄的挤兑风潮似乎被这场平静的喜宴冲淡得一干二净。

面临阜康钱庄的挤兑风波，胡雪岩竟然能静下心来办喜事，这确实是一份难得的从容。所谓"船到桥头自然直"，着急有什么用呢? 还是静下心来，该干什么就干什么，这样，反而对事情有帮助。果然，泰然办喜事，胡雪岩在杭州的钱庄与药铺都没受到上海挤兑风波的影响。心绪平和，随机应变，变不利为有利，使得他的生意在危机重重的时候支撑了下去。所以，遇事有变，泰然处之，方能变不利为有利。

1. 心浮气躁只会坏事

弱者任思绪控制行为，强者让行为控制思绪。在困难面前，许多人容易心浮气躁，进行了多次挑战都无法战胜困难，他们就会变得气急败坏，从而无法冷静地思考。

2. 遇事需从容不迫

在任何时候，一个人都需要冷静，需要淡定从容的心境，更需要缜密的思维和那份遇事不慌张的机智，尤其是在困难面前，平和的心态，它能够使人有条不紊、沉着地应对所发生的一切。所以，面对困难，不要气急败坏，只有保持平和，才能让我们转败为胜。

下篇

会做人

第一章　做人有原则：与人为善，胸怀坦荡

善良是人性的根本

一个心地善良的人，就算没有很高的学识、能力、财富，也一样会得到他人的认同。因为，善良是人性的底色。如果我们在与人交往时，时时刻刻只考虑自己的利益，而不管别人的死活，最后只能成为人人厌恶的失败者。

祖谕是公司新招的业务员。据说面试完以后，就连总公司经理都对他赞赏有加，还破例把他的试用期从三个月降到一个月，这在这家公司的历史上还是头一回。所以，当听到新员工要来报到的消息时，公司上下都想亲眼看一下这位年轻人。

祖谕的出现果然没有令大家失望，因为他不但长相英俊潇洒，而且口才非常好，说话幽默诙谐，妙语连珠。更难得的是，祖谕言谈举止总是彬彬有礼。

但好感归好感，在一个以业绩论成败的行业，如果没

有骄人的业绩是很难服众的。祖谕不怕，反正到时候公司只看结果，不看过程，只要自己想方设法让客户签了合同，然后把钱拿到手就可以了，至于客户那边，反正客户总要用到这些东西的，不买我们公司的，也要买其他公司的，还不如让他们一次多买一点，自己也好完成任务。

这样想过之后，祖谕开始大刀阔斧地干了起来。凭借着他的口才和公司过硬的产品品质，祖谕很快就签了几十单合同，并收回了全部货款。

有了业绩，祖谕渐渐在公司站稳了脚跟。虽然经常有客户投诉他，说他吃回扣，但在公司里祖谕一个人能顶三个人，况且，他吃的回扣数目也不算太多，所以，公司经理暂时还不打算动他。再说，谁年轻的时候没犯过错误。

渐渐地，祖谕依仗着自己是公司的功臣，胃口竟越来越大，不但公然向客户索要好处，还窃取公司的客户资料，经常撬其他业务员的订单。后来，祖谕甚至在货款合同上做手脚，自己拿着几百万元货款逃跑了，使公司不但在同行业中失去了信誉，而且蒙受了巨大的经济损失。

公司总经理听到这个消息后，下了一道命令：不管能力有多强，人品不合格，概不录用。

故事中的祖谕，相貌英俊，口才好，能力强，可以说是一个非常有前途的青年。但他却利用别人对他的好感，耍小聪明，在完成任务的过程中，不择手段，损人利己，最后导致在错误的道路上越走越远，无法回头。由此可见，就算一个人外部条件再优秀，如果丢失了善良的本色，终将害人害己。那么，日常生活中，我们该怎样做才能不丢失人性的根本呢？

1. 知足并懂得感恩

对拥有的一切懂得满足，因为比起那些不幸的人，我们已经过得很好了。而且，只要我们快乐地生活，心怀善念，经常想着别人的好，全心全意地帮助别人，那么，当我们遭遇困难的时候，别人也会伸出援手。欣然接受生活赐予我们的一切，不管是欢乐，还是痛苦，我们都要学着感恩。

2. 不嫉妒别人

允许别人长得比自己漂亮，比自己成绩好，比自己家境富裕，比自己职位高，比自己能力强……生活中，正是因为有了比较，我们才会发现自己的不足，也正是因为存在各种各样优秀的范例，我们才会有奋斗的目标。所以，对于他人的优秀，我们在发自内心报以掌声的同时，还必须要有正确的认识，不嫉妒别人、不诋毁别人。

3. 得饶人处且饶人

对于他人无端的发难，我们可以适当地给他们教训，让他们知错即可，不能得理不饶人。尤其是别人已经认错了，并且所作所为并没有对我们造成太大的伤害，我们一定要"得饶人处且饶人",不要老揪着人家的错误不放。况且,这样做也有违我们善良的本性。

4. 有一颗恻隐之心

尽自己的能力去安慰和帮助别人,帮别人分担忧愁。当然,善良不是没有原则的,一定要在自己能承受的范围之内,再去帮助别人,而不能不自量力,这样不但帮不了别人,反而会害了自己。

人格魅力在于修炼

冰冻三尺非一日之寒。同样,人格魅力的形成也绝非一朝一夕的事。一般来说,那些有独特人格魅力的人,大多是对自己要求比较严格的人,在日常工作和生活中,除了非常注意自己的外在形象外,更加注重自己内在气质的提高和涵养的提升。由此可见,我们只有在平时内外兼修,严格要求自己,才会修炼出独特的人格魅力。

蕊蕊的表姐是一家外企的高管,亲戚朋友都说她是个非常有魅力的人。的确,表姐虽然相貌普通,却很有气质,而且穿衣打扮非常得体,再普通的衣服经她一搭配,犹如重获生命,立刻有了不一样的韵味。

更重要的是,表姐为人谦和,蕊蕊从来没听说表姐跟人吵过架,红过脸。蕊蕊所见到的表姐,不管任何时候都是笑盈盈的,举手投足间散发出成熟女人的魅力,言谈举止中有着掩饰不住的自信。

蕊蕊也想成为表姐那样的女人，自信、独立、优雅、受人欢迎，可具体该怎么做呢？蕊蕊犯难了，穿衣打扮还好说，学学就会了，可是这气质，好像不是一天两天能学得来的。

看来只能向表姐请教了。蕊蕊决定当面取经。

表姐很忙，不断有人来找她，但蕊蕊发现，不管来的是经理，还是普通员工，表姐说话都非常客气，而且脸上始终带着迷人的微笑。

终于，表姐忙完了。蕊蕊不好意思地说明了来意，谁知表姐一听就笑了："傻丫头，我哪有你说得那样好啊？只不过生性乐观一些，对什么事都看得比较开罢了！"

蕊蕊不解地说："我也很乐观啊，但怎么没人说我有魅力啊？"

表姐笑了："当然也不光是乐观了，还要善良，对别人要宽容，有自己独立的思想，为人处世要有原则、有底线！"

蕊蕊惊讶地说："就这些啊，听起来也不难啊，很多人都有这些优点。"

表姐笑着说："你说得很对，这些做起来是不难，但是你要把它作为自己的生活准则执行下去，不管碰到什么人，遇到什么情况都坚持这样做才可以。"

蕊蕊苦着脸说："好难哦，如果遇到不讲理的人怎么办，也要宽容吗？"

表姐笑着说："你说呢？其实你只要凡事看开了、想开了，真的不难。还有，你一定要有一份能养活自己的工作，因为经济独立的女人在别人眼中才最美。"

听完表姐的一番话以后，蕊蕊终于明白了，原来优秀的女人是这样炼成的。她相信，只要按表姐说的去做，有朝一日自己也能成为像表姐那样的女人。

故事中的蕊蕊很羡慕表姐，因为表姐是亲戚朋友公认的有人格魅力的女人。蕊蕊很想成为像表姐那样的人，迷人、优雅、受人欢迎，但是她不知道该怎么做，于是她去向表姐求教，在听了表姐深入浅出的教导之后，蕊蕊恍然大悟，终于找到了奋斗的方向。世上无难事，只怕有心人，只要肯努力，就没有办不成的事，想拥有迷人的魅力也一样。那么，我们如何才能修炼出独特的人格魅力呢？

1. 穿衣打扮要有品位

要根据场合选择最能凸显自己风格的衣服，不需要昂贵，但搭配要合理，不能上半身小西服，脚上却不合时宜地穿一双运动鞋。就算想表现自己的与众不同，也不能采取这种方式。

2. 言谈举止要得体

与别人交谈时，要用心聆听，多给他人说话的机会。

对他人所谈论的话题即使不感兴趣，也不要轻易打断，要学会巧妙地转移话题。在公众场合，要给别人留足面子，不随便提一些别人不想回答或者难以回答的问题。在听别人讲话的时候，要全神贯注，不做与交谈无关的事。注视他人时，目光要真诚友善。

3. 有自己独立的思想

对日常生活中发生的人和事，有自己独特的见解和合适解决的方法。在团体中，不做应声虫，人云亦云，有好的想法不怕别人耻笑，敢于大胆地说出来。做工作有自己的一套方式方法，既适合自己，效果又非常好。懂得生活、工作之余培养各种各样的爱好，放松自己的同时，也让自己的能力不断提升。

4. 为人正派有亲和力

为人正直，有正义感。做人光明磊落，从不在背后搞小动作，使人难堪。表里如一，让身边的人信赖自己。同时，说话做事非常有分寸，坚持原则，但又不死抠着原则不放，让人感觉很容易接近，很有亲和力。

视名誉如同自己的生命

法国思想家、文学家罗曼·罗兰说："荣誉比生命更宝贵。"的确，在现代社会中，如果拥有了一个好名声、好口碑，也就拥有了一大笔无形的资产，这是花多少钱都买不到的。

志良是一家广告公司的老总，也是我多年的好朋友。这些年，我可以说是看着他一步一步从一穷二白，发展到拥有不小规模的一家公司。更让人惊奇的是，他的公司虽然规模不大，但是名气却很大，这就让我有些不明白了。

正巧那天，我办事经过他们公司，被他撞见，他约我中午和他一起吃饭。

我们边吃边聊，由于志良是一个人来的。于是，我迫不及待地向他说出了心中的疑问。

听完之后，志良打趣地说："既然你那么好奇，我就全部告诉你吧，反正也不是什么秘密，免得你天天想得睡不着觉。其实，我之所以能做到现在这样，是因为我一直牢牢记着一句话'一个人有了好名声，就等于有了一大笔财产'，这就是我成功的秘诀。"

我明白了，名声就是我们在社会中赖以生存和发展的根基，有些人之所以成功，只是因为他比别人的名声好了一点，就像志良一样。看来，名声有时候的确比生命还要重要。

故事中的志良能白手起家，很多人都对他成功的秘诀感到很好奇，但他只是轻描淡写地说：一个人有了好名声，就等于有了一大笔财产。由此可见，好名声的重要性。那么，我们该如何获得好名声呢？

1. 答应别人的事尽量做到

答应别人的事，就应该说到做到。怎么和别人说的就应该怎么做，而不能在做的过程中应付，否则一旦被他人发觉必然失名毁誉。总之，要说话算数，让别人觉得我们可以信赖，有责任感。

2. 和别人见面要准时

生活中经常有这样的情况，与人约好下午两点见面，对方已经提前到了，而自己却还在路上。打电话说半个小时就到了，别人估计得等上一个小时；说 10 分钟就到了，别人可能最少也得等上半个小时。终于等到见面了，已经耽误了别人不少时间，人家嘴上虽然不说什么，但心里一定在想，连时间都不遵守的人做事能靠得住吗？

3. 做不到的事不随口承诺

有时候，别人相求之事情，可能超出了自己的能力范围，有些人碍于面子打肿脸充胖子，明明事情办不下来，或者要费不少周折，却仍要答应下来。自己办不到的事情，硬要答应别人，耽误人家的事不说，还把自己弄得骑虎难下，很被动。

待人接物的态度体现修养

判断一个人到底有没有修养，其实不需要对这个人非常了解。有时候，我们可以通过观察一个人待人接物的态度，来初步断定这个人的修养。真正有修养的人，不论面对什么样的人，态度都是谦和有礼的，不会因为他人身份地位的不同而区别对待；而缺乏修养的人，则常常看人下菜碟，态度因人而异。

王光和李逍是一起进公司的。王光平时比较大大咧咧，不修边幅，而且爱和同事开玩笑，同事们都笑他是"长不大的小孩"，他听了居然也不介意，好像还很享受。

李逍和王光则完全不同。李逍性格比较沉稳内向，对自己的外表非常在意，在公司从来不穿休闲装，一直都是得体的西装，也不和同事开玩笑，同事们都说李逍天生就是当领导的料。

王光和李逍住同一间宿舍，因此两个人也算是好朋友。每次王光的哥们叫王光出去，王光都要拉上李逍，李逍每每拗不过王光软磨硬泡，便硬着头皮去了。去了之后，王光和他的哥们儿唱歌喝酒，叫李逍一起喝，李逍却一再婉拒，说自己酒精过敏，大家听了也就不好再勉强李逍。

闹罢回到宿舍，李逍好像一副很不高兴的样子，王光关心地问他怎么了，李逍气冲冲地说："你那都是些什么朋友，就知道一个劲儿地劝我喝酒，你也是，也不替我说两句。"

王光一听笑了："还以为你怎么了呢，原来是为这个生气啊！你别放在心上，他们和我一样都是粗人，说话不懂得拐弯抹角，觉得你是我的朋友，所以对你格外热情。"

李逍说："我看他们就是在故意为难我。"

王光解释说："怎么会呢，他们那些人我非常了解，虽然都不如你有修养，但绝对是好孩子，没有恶意的。"

李逍从鼻孔里哼了一声："是吗？"

王光夸张地说："当然，我保证，我们都有一颗红心。"

李逍一听这才笑了，这件事总算告一段落了。但事后王光想不明白，同事们都说李逍比他有修养，他也承认，但自从发生那件事之后，他心里一直很不舒服，对所谓的修养更是产生了深深的怀疑。

故事中的王光和李逍可以说是个性截然不同的两个人，一个外向，另一个内向；一个不修边幅，另一个非常重视自己的外表；一个逢人便开玩笑，另一个则出言谨慎。单以上面的条件来看，似乎是李逍更有修养，同事们也这样评价，但事实真是这样的吗？真正的修养不在于外表，而是发自内心的。一个人如果连宽容理解别人都做不到，又何谈有修养呢？说到如何把修养从我们的态度上体现出来，这里面可有不少学问。

1. 宽容大度，不跟别人计较

生活中，难免会与人发生磕磕碰碰。这时候，我们一定要谨记：忍一时风平浪静，退一步海阔天空。把利益的天秤稍微向对方那边倾斜，让对方感觉自己没吃亏，事情也就平息了。与其跟人争，还不如抓紧时间去挣。

2. 说话时注意把握语气语调

和别人说话的时候，一定要掌握好说话的语气语调，根据说话对象的不同，可以适当地做一些调整。但有一些宗旨是不能变的，不管什么时候，面对什么人，语气不能过分生硬，不能用命令式的口吻跟别人说话。而且，说话的过程中，语调要注意尽量平缓，不能过低也不能太高，避免让人觉得不舒服，继而心存偏见。

3. 说出的话要让人听着顺耳

说话之前要三思，既要考虑对方的面子，也要让对方明白我们的意思。尽量把一些不好的话，诸如批评、责备的话，说得委婉含蓄一些，尽量不要让对方难堪，尊重他人的自尊心。伤了别人的自尊，就相当于无形中给自己树立了一个敌人。

4. 交往时要注意态度端正

不能什么场合都嘻嘻哈哈，但也不能始终板着一张脸。跟朋友和客户交往的时候，态度要亲切友好。而当他人有意冒犯时，态度必须非常严肃，务必要让别人认识到事情的严重性。总之，要根据所处的场合、所遇到的事情，表现出恰如其分的态度，既不能让别人觉得难以沟通，也不能让别人认为我们很软弱。

把握面子问题，活出自己的个性

每个人都有一种争强好胜的信念，不管他最终是否付诸行动，但"活着就要争一口气"的想法始终都不能轻易抛弃。

面子问题的确不能轻看。把面子问题看轻了，不是脊梁断了，就是骨里缺钙，就会为人所不齿。晏子使楚，楚王让他以"狗门"入，意欲羞辱，不料晏子却以一句"出使狗国，方能从狗门入"的话反向羞辱了楚王，这不仅保全了自己的面子，更重要的是保全了齐国的尊严。

然而，在现实生活中，我们也不能把面子问题看得太重了。在不该爱面子的时候爱面子，往往会给自己带来很大的麻烦。

许多人在日常生活中，一定都有过类似的念头："早知道不答应他就好了！不然，现在我也不用弄得这么累，甚至还吃力不讨好！"或者是："当初我实在应该拒绝他的，可是我为什么就是说不出口呢？"

为什么不能主动拒绝别人呢？无疑是"爱面子"的心理在作怪。

有个年轻男子在订婚典礼后，方才发现自己并不深爱他的未婚妻，可是他不愿意成为一个背信弃义的人，也害怕别人会认为他是一个欺骗女人感情的负心汉，因此他不但没有解除婚约，还迎娶了他的未婚妻。不幸的是，两个人结婚以后的生活，证明了他先前的所有疑虑都是正确的。妻子挥霍无度、浪费成性，使得他债台高筑，再加上妻子的个性急躁，两人更是动不动就争吵不休。然而，他婚前就因为担心外界的评价而不敢解除婚约，婚后自然也是为了相同的理由而忍受不和谐的婚姻。这名男子就是美国第16任总统亚伯拉罕·林肯，虽然他有勇气解放黑奴，但是却没有办法在婚姻的路上勇敢地解放自己。

我们不能说林肯没有拒绝这段感情，原因都在于他碍于面子，其中的责任心等，也影响他做出这样的决定。然而，不愿背上"负心汉"的骂名的林肯，明知道婚后的生活不会幸福，但他依然还是坚持着。可见，即使是伟人，也不能不食人间烟火，不为面子问题所困扰。

在现实生活中，如果你认为随意承诺他人，将会为你的生活带来严重的不良影响，那你就应该鼓起勇气加以拒绝。试想，当一个天真的婴儿开始懂得表达"不要"的意愿时，即意味着他已经开始独立了，并且对于人、事、物有了自己的好恶与选择。但是，既然人们从小就具有个体的独立意识，为何日渐长大成人后，却反而不能展现自己真正的个性呢？

面子何时争，何时不争，聪明的人不会让情绪帮自己做出选择。理智地分析，面子要不要争，值不值得去争，关键是看事情的"面子价值"。

一个心理学家向他的客户给出了以下这样一连串的问题，以测试顾客对于自己个性化的强度和对面子的重视程度。

你很在意别人的看法吗？你总是为他人而打扮吗？你会邮寄一张贺卡给自己不喜欢的人吗？如果你在一家商店随意逛逛，最后却没有购买任何商品，你会觉得不好意思吗？你总是预设他人对你的期望，并且经常担心自己会让他人失望吗？你经常担忧自己可能在顺了"姑心"时又失了"嫂意"，进而在不知不觉中失去自我吗？你是否曾经扪心自问：我应该忠于自己的意愿，还是满足别人的期望呢？

你会给出什么样的答案呢？按照自己的性情生活，不让面子问题羁绊自己，你才会更容易得到舒心的生活。太顾及别人的想法，让生活的焦点着眼于他人的目光之中，那将会是一种非常愚蠢的生活方式。

强化内在素质，提升自身涵养

工作生活之余，学一门外语，或提高一下自己的烹饪水平，或学习一下如何着装和职场礼仪，又或许是多读一些能帮自己提高修养的文学读物。总之，要让自己的八小时以外精彩起来，用各种健康的兴趣爱好来丰富自己的生活，同时，也让自己的内在素质不断地提高。因为，内在素质的提高，可以有效地提升我们的涵养，让我们的气质更出众，同时，也更受人欢迎。

赵阳参加工作以后，就再也没去过图书馆，现在连最爱看的名著也没有时间看了，书架因为长时间疏于整理，落满了灰尘。

因为工作性质的关系，赵阳说话方式也变了，总是直来直去，有什么说什么，怎么想怎么说。

女友经常开玩笑说，赵阳从前是一个绅士，现在则彻底沦落成了一个粗人。

其实，赵阳也不想这样，关键是他现在整天跟建筑工人打交道，说话太委婉了，别人根本就听不懂，所以，赵阳就只好改口说白话了，反正那些人也不会笑话他，因为大家说话都是这样，并且时间长了也听习惯了。

真是环境改变人啊。赵阳不由得感慨，想当初自己是多么地富有文采，说话出口成章，别人都夸自己有涵养，女友也是因为这个原因才和他走到一起的。而现在呢，自从当上监理以后，既没有时间看书，也没有时间学习，就是有了时间，也全部花在娱乐应酬上了。人也慢慢变得粗鄙起来，成了女友口中没有涵养的人。

看来，自己的内在素质还得好好提高一下。这样想过以后，赵阳决定，为了女友，也为了重拾过去的风采，自己一定要利用好闲暇时间。

为了实现这个目标，赵阳不仅报名参加周末英语学习班，还打算考专业的资格证，把自己的专业水平提高一下，同时，赵阳还利用业余时间写起了稿子。

半年过去了，功夫不负有心人。赵阳不仅取得了监理资格证，而且还在省报副刊上发表了文章。还有一个更好的消息，赵阳因为表现出色，工作素质过硬，被总公司列为重点培养对象。

故事中的赵阳，因为工作的关系，疏于学习，不知不觉中内在素质出现了下降，后来，在女友善意的提醒下，他积极做出了调整。利用闲暇时间学习，不断地提高自己的内在素质，同时也提升了自己的涵养，最后终于如愿以偿。可见，提高我们的内在素质，也就相当于在提升我们的涵养。有涵养的人一定是内在素质很高的人，那么，我们该怎样提高自己的内在素质，同时有力地提升我们的涵养呢？

1. 加强专业知识的学习

在职场中，尤其专业性比较强的工作，一定要利用业余时间充电学习，不断地提高自己的专业水平，同时尽可能地学习多方面的知识，让自己的内在素质得到很大的提高。因为，在现代社会，知识随时都在更新，如果我们不进行相关的培训和学习，很可能有一天就会被彻底淘汰。在知识经济时代，我们一定要活到老，学到老，这样才会在专业领域有所作为，做出一番成绩。

2. 适当地学习职场礼仪

在工作中，懂得最起码的职场礼仪可以说是十分必要的。这样不仅方便我们跟上级、同事进行良性沟通，而且也会帮自己在职场上加分，让自己有一个好人缘。工作起来就会得心应手，做起事来也会事半功倍。同时，对别人表示尊重，也是最基本的礼貌，在一个团队当中，只有大家互相理解，礼让他人，这个团队才会更有凝聚力，团队的每一个成员也才会更有归属感。

3. 心态乐观，做事积极

遇到事情，多往好处想。如果别人伤害了我们，就要先问问是不是我们先伤害了别人，别人才会这么做，或者别人这样做也是另有苦衷，总之，心态一定要乐观，就算遇到再坏的情况，也要告诉自己，自己一定可以渡过难关，微笑面对一切困难。想到一件事情，经过反复论证，证明这件事可行，就马上动手去做，不要瞻前顾后，错过成功的机会。因为，一个有涵养的人，必然是一个心态乐观、做事积极的人。

4. 懂得感恩，宽容他人

在生活中，要学会感恩。别人帮助了我们，要真心感谢别人，并记着别人的好，有一天要滴水之恩涌泉相报；别人欺负了我们，也要学会感恩，感谢别人让我们学会了坚强，并认识到了人性的阴暗面；别人伤害了我们，更要学会感恩，感谢别人让我们知道自己到底有多强大。一个心存感激的人，是永远不会被打倒的，而一个懂得宽容的人，必然有过人的度量。真正的内在素质更应该是来自人性深处的美好天性，而涵养不是伪装出来的。

学会察言观色

孔子说："不知言，无以知人也。"意思是，不知道分辨别人的言论，就不能了解别人，也就无法领会别人的意图。在现实生活中，我们千万不要把孔子所说的"知言"，仅仅理解为对方说了什么，因为这句话真正的含义是"不要光看说话的内容，还要分析这番话背后的意思"，也就是我们常说的"察言观色"。通常情况下，一个人在说话的时候，伴随着一定的肢体语言、面部表情，不要忽视了这些信息，这恰恰是语言背后所隐藏的内容。不仅要听对方说话，还需要观察其脸色，有的人即使心中不悦，也不会说出来，但会在面部表现出来，而我们如果能仔细观察，了解到这一信息，就应保持说话的分寸，适时沉默，如此，才能赢得对方的好感，从而达到轻松做事的目的。所以，在交际中，我们要保持缜密的心思，学会察言观色，适时保持沉默。

《孟子·离娄篇》说："存乎人者，莫良于眸子。眸子不能掩其恶。胸中正，则眸子了焉；胸中不正，则眸子眊焉。听其言也，观其眸子，人焉廋哉？"意思是说，要想了解对方的心理，没有比观察他的眼睛更准确的了。如果你在说话的时候，对方眼睛四处张望，心不在焉，那证明对方根本不想听你再说下去，那么，你应该适时闭嘴，保持沉默。

公司里，新人小美向上司阿梅请教："梅姐，我有个问题想跟你请教。"阿梅非常不耐烦地说："没看我正忙着呢吗？"小美不放弃："你就看一眼，马上就好了。"这时，阿梅抬起头来，生气地吼道："我说你烦不烦啊？"小美碰了一鼻子灰，失望地走了，心想：她明明在发呆，还说很忙，是不是她看我不顺眼。

后来，小美经过观察，发现阿梅是一个对工作追求完美的人，每当有新任务的时候，她都会焦头烂额。而那次自己去请教的时候，正好领导给阿梅布置了新任务，她正在想着新方案，所以对小美的请教，显得十分不耐烦。

本来，当阿梅显得不耐烦的时候，小美就应该保持分寸，适当沉默，这样，才能赢得上司的喜欢。而不懂得察言观色的她偏偏不知趣，再次请求，这样一来，可惹恼了上司，自然就少不了一顿挨骂了。

1. 中国人历来比较含蓄

相比较西方人的直率，中国人比较传统，常常是心中有话说不出来，而是等着对方来猜；就算是他们勉强说出来了，也必定说得含含糊糊，不清不楚。于是乎，我们在判断对方说的是否是真话的时候，不仅需要听他说话，还需要看他的样子，这样，才可以确定他到底想表达的是什么意思。

2. 察言观色，洞察其心理

我们可以通过察言观色来洞察他人的心理，有可能是一个细微的动作，有可能是一个眼神，有可能是一个笑容。那些在他脸上、身上表现出来的表情或动作，都在随时地告诉我们他内心究竟在想什么。而我们可以根据对方内心的想法，积极调整自己，适时保持沉默，赢得对方的好感。

第二章　做人有品行：以诚待人，以信立身

诚实守信是正直人格的保证

一般来说，诚实守信的人做事都有自己的原则。不轻易向别人许诺，答应别人了，不管事情办起来有多难，会付出多大的代价，都会当成自己的事情一样，不遗余力地去完成。与其说，这样做是对别人负责，倒不如说是对自己负责。对自己负责的人，才不会一遇到困难就找借口，推脱自己的责任。

毛建国是个从山区走出来的大学生，尽管已经成了一家外企的高管，但他从来也没有忘记过，当年若不是那么多好心人的帮助，他早就辍学了，更不会有今天的成就。

所以，这些年来，毛建国每年都会拿出自己的一部分收入作为助学资金，帮助贫困山区的孩子完成学业，使他们也能像自己一样走出大山，看一看外面的世界。

在毛建国资助的孩子当中，有一个叫灵灵的 9 岁小女

孩，非常聪明，每次考试都考班里第一名，而且特别可爱。她每个月都给毛建国写一封长长的信，让毛建国格外感动。

可是这个月，毛建国却没有收到灵灵的信，是灵灵功课太忙了，还是忘了写。以前这样的事可从来都没有发生过。

毛建国决定请假去灵灵的家看一看。

毛建国费尽周折，多方打听，最后才找到了灵灵信上写的地址。只见那是一座快要倒塌的土坏房，房顶上长满了野草，毛建国想象不出这样的房子竟然还能住人。他大声地喊着灵灵的名字，希望她赶紧跑出来，这个房子太危险了，随时都有倒塌的危险，根本就不能住人。

可是任凭毛建国喊破了嗓子，就是没有人出来。最后喊声惊动了邻居的一位大嫂。那位大嫂得知他的来意后，连忙告诉她，说灵灵前几天不知怎么地，走着走着，就从山坡上滚下去了，听说全身都是伤，现在在镇上的卫生所呢。可怜的孩子，身边又没个亲人。

问清了卫生所的位置以后，毛建国立刻赶了过去。看着灵灵满身的伤痕，还有手里紧紧攥着的写给他的信，毛建国忍不住流下了眼泪。毛建国决定带灵灵去他所在的城市看病。如果灵灵愿意，他将收养灵灵，资助灵灵完成学业。

故事中的毛建国由于自己的经历，多年来一直资助贫困山区的孩子上学。在得知自己的受助人灵灵在给他寄信的途中，不小心滚下山坡摔伤以后，他并没有一走了之，而是决定治好灵灵的伤，并且实现他资助灵灵完成全部学业的承诺。正直善良的人在有些人眼中或许很傻，但就是因为有了遵守诺言、诚实守信的"傻子"，我们的生活才变得更有人情味。为什么说诚实守信是正直人格的保证呢？

1. 诚实的人不欺骗别人

事情该是什么样子，就老老实实地告诉别人是什么样子。缺点、错误要事先跟别人讲清楚，让别人自己抉择。是做还是不做，买还是不买，绝不能为了眼前的一点利益，就花言巧语地用谎话欺骗别人。骗别人的人，自己迟早也会被别人骗。只有正直诚实的人才会赢得成功女神的青睐。

2. 诚实的人是善良的人

诚实的人不是不知道，有些时候说谎话能给自己带来眼前的利益。可是他们不忍心那样做，因为他们知道做事的不易，不管是谁的钱，都来之不易，更体会过那种被人欺骗后痛彻心扉的滋味。所以，他们宁可自己少赚一点，也绝不会受眼前利益的蒙蔽，而做出损害别人利益的事。

3. 守信的人不自私自利

自私自利的人不会无条件地帮别人做事。即使答应了，如果在做的过程中遇到了困难，或者发现回报小于付出，他就会千方百计找借口，拒绝继续履行承诺。可是，真正守信的人不会这么做，因为他不是为了得到好处才帮别人，他帮别人仅仅是觉得别人需要帮助。

4. 守信的人会遵守诺言

真正守信的人一定会遵守诺言，不管他为这个诺言付出多大的代价。在守信的人看来，一个人如果连诺言都不遵守，答应别人的事做不到，那么，这个人是没有责任感的人，是一个不成熟的人。一个人如果连责任感都没有，别人又怎么会放心地和他合作呢，因为谁都不知道他会在什么时候改变主意，没人敢冒这个险。

诚信是你做事的招牌

诚信不是说说而已，需要通过所做的事使别人深刻地感受到，要把诚信作为我们平时做事的准则和招牌。这样，树立了诚信，人们才会愿意和我们合作。

中专毕业以后，杨中诚用自己打零工挣来的钱在市场里租了一个摊位，计划卖麻辣烫。出摊的那天早上，母亲反复地叮嘱他要跟市场里面的人搞好关系，对顾客要热情。

遵照母亲的指示，他没有用市场上卖的麻辣烫的料，而是买来各种材料，自己亲手制作。为了让麻辣烫的汤更好喝，杨中诚没有像别人一样，用味精鸡精调味，而是大老远地跑到乡下买来老母鸡炖汤，然后用货真价实的鸡汤涮菜。就连菜品，他也是用最好的、最新鲜的，每样菜都是洗了又洗、冲了又冲。

由于杨中诚的汤料味道独特，再加上菜品干净新鲜，而且为人非常热情，很快，他的摊位前就挤满了人，而且好多都是回头客。

见生意这么火爆，杨中诚非常高兴，把母亲也叫过来给他帮忙。母子俩常常一忙就是整整一天。由于市场里摊位面积有限，干了几个月之后，杨中城手头也攒了些钱，于是他就和母亲商量，在市场对面的街上租一间不大的铺面，还卖麻辣烫。

母亲当然支持他，只是再一次叮嘱他，做生意一定要讲诚信，讲良心。杨中诚一直记着母亲的话，一切还是像以前那样，汤料是自己做的，汤是真正的老母鸡汤，菜品是最新鲜的，为了时刻提醒自己，杨中诚还把自己的店命名为"诚信麻辣烫"。

现在，杨中诚的"诚信麻辣烫"已经开始了连锁经营，为了保证质量，杨中诚规定所有加盟店的汤料、菜品都统一由总店提供。在这座城市，提起"诚信麻辣烫"的招牌，没有人不竖大拇指。

故事中的杨中诚中专毕业以后，没有出去找工作，而是在市场里摆摊卖起了麻辣烫。从开业到现在，他一直没有忘记母亲的教诲，做生意要诚信，要讲良心。他的汤料是自己做的，所有材料都是用最好的，而且菜品也是最新鲜的。为了时刻提醒自己，他还把店命名为"诚信麻辣烫"，而且诚信也成了他做事的招牌。由此可见，如果我们把诚信当作做事的招牌，别人就会更加信任我们，我们也就会有更多的生意做。这是因为：

1. 别人会觉得我们值得信任

通常，诚信的人会更值得我们信任。因为诚信的人不耍什么花样，也不玩什么心眼，事情该怎么做就怎么做，话该怎么说就怎么说。所以，树立我们诚信做事的招牌，要让别人觉得我们值得信任，把事情交给我们做非常放心，这一点对我们来说非常重要。

2. 别人会觉得我们很负责任

诚信的人做事会让人放心，他如果答应别人了，就会把别人交代的事情尽心尽力地办好。别人吩咐他的他做到了，别人没有想到的他也替别人全部考虑到了，而且都做了妥善的安排，当然在这之前，他会跟别人打声招呼，征求一下别人的意见。为别人负责，同时也为自己负责。因为他不想让别人说他说话不算话，做事情不讲信用，答应得好好的，最后事情却没有办成。当然，如果自己办不到的事，诚信的人是绝对不会贸然答应别人的。

3. 别人会觉得我们办事可靠

诚信的人言必信，行必果，通常来说，说出的话就一定能做到，而且能做得非常好，常常带给别人意想不到的惊喜。所以别人会觉得诚信的人办事可靠，因为他对自己说过的话很负责任，说怎么做就会怎么做，说能做好就能做好，不像有些人嘴上说一套背后做一套，让人不知道是听他们的话好，还是不听好。所以，为了树立起我们诚信的形象，我们要让别人觉得我们办事可靠，这样别人才会愿意和我们交往。

4. 别人会觉得我们让他放心

说话做事要老老实实，能做到的就答应，不能做到的坚决不向别人承诺，不会为了所谓的"面子"，勉强答应替别人办事，最后却误了别人的事。我们要把别人的事看作自己的事，或者比自己的事情还要重要，别人交代的事总是精益求精地完成，让别人觉得我们办事可靠，值得信任。这样，别人就会觉得对我们很放心，有什么重要的事也敢交给我们去做。

讲信用的人才有好的前程

日本松下电器的创始人松下幸之助先生说过一句话："信用既是无形的力量，也是无形的财富。"的确，讲信用在我们的工作和生活中非常重要。在工作中，它会让同事和客户对我们更加信赖，更加放心；在生活中，它会让家人和朋友觉得我们可以依靠，能带给别人安全感。总之，一个讲信用的人，一定是一个有责任感的人；而只有有责任感的人，才值得别人信任，才会有美好的前途。

小李的家乡以种植当归出名。每年当归收获的季节，来自全国各地的药材商人，都来当地收购当归，场面就像过节一样，非常热闹。

由于小李是当地人，人头熟，会讲普通话，又天生一副热心肠，所以家里不忙的时候，他就常跑去给那些药材商人当免费翻译。一来二去，和那些药材商就都混熟了。值得一提的是，小李虽然是本地人，但在议价的时候，却并没有偏向自己的父老乡亲，该多少就是多少，这一点让药材商们非常欣赏。

所以后来，药材商们就坐在一起商量，能不能他们以后不来，把货款打给小李，让小李全权负责收购药材，收完后直接给他们发货就行了。但是药材商们又有些担心，毕竟全部货款不是一笔小数目。如果小李到时候起了贪念，拿钱跑了怎么办？

再三权衡后，药材商们还是认为这个办法值得一试。因为他们每个人每年来来去去各种花销算在一起，费用也不少，而且还劳神费心。倒不如放手让小李去做，先给他打货款的80%，剩下20%等他们验完货之后，确定没问题再一次和工资一起打给他。现在就剩下征询小李的意思了，如果他愿意做，双方马上就可以签合同，以货款的1‰作为他的酬劳。

得知药材商们的来意后，小李想都没想就答应了，合同也没看，就痛快地在上面签了字。这不禁让那些药材商再一次对他竖起了大拇指。

接下来的几年间，小李用实际行动证明了自己的人品和能力，更赢得了所有药材商的信任和赞赏。他的药材价格公道，质量过硬，而且无论最后货款剩多少钱，他都如数退还给药材商，从不多拿一分钱。

而对那些药农，小李也从来说话算数，不缺斤少两，也不恶意压价，药材值多少钱，他就给多少钱，所以乡亲们都愿意把自家的当归卖给小李。

让药材商们都头疼的事，小李却做得非常轻松。现在，他不仅是当地一家药饮厂的老板，还是全国最大的当归供货商。谈到自己成功的秘诀，小李只用三个字来概括："讲信用。"

故事中的小李，不仅为人热忱，乐于助人，而且非常讲信用，先是赢得了药材商们的信任，成了他们的代理采购商，同时又得到了乡亲们的信赖，大家都纷纷把好药材送上门。所以，最后他才能一步一步地做到老板，并且还成了全国最大的当归供货商。可见，讲信用在我们成功的道路上有多重要。通常，只有那些讲信用的人才会更容易成功，才会有一个好的前程。我们之所以这么说，是因为：

1. 讲信用的人说话算话

在生活中，讲信用的人不管答应别人的是大事还是小事，他们都会当成自己的事，时刻放在心上，舍得为别人付出，不斤斤计较，说一就是一，说二就是二。算不上一诺千金，但也至少说话算话，事情交给他们去办，基本上不出什么大的问题。总之，一个讲信用的人，肯定是一个说话算数的人。只有说话算话，别人才会给我们施展才能的平台，我们才会有成功的机会。

2. 讲信用的人有责任感

有些时候，就算事情再难办，如果他们事先答应别人了，都会尽自己的全力去做，把事情做好，让别人满意。并且，他们绝口不提他们额外的付出，以免让别人觉得他们想以此为借口，增加费用。责任感促使他们把别人的事，当成自己的事去完成，同样也是出于责任感，让他们觉得事先没有跟别人讲清楚，是自己的责任，那么损失理所当然应该由自己来承担。

3. 讲信用的人让人放心

一般来说，事情只要交给讲信用的人，我们就可以高枕无忧了。因为以他们那种性格，会把别人的事看得比自己的事还重要，他们做不到或者没有十足把握的事，基本上不会向别人承诺。而一旦他们答应了，那就说明他们有必胜的把握，到时候肯定会把事情办得漂漂亮亮的，给别人一个惊喜。

4. 因为讲信用的人敢作敢当

讲信用的人，通常敢作敢当，特别有担当，而这恰恰是成大事者必不可少的一种素质。一个只懂得亦步亦趋地跟在别人后面的人，是不会有多大出息的。只有那些敢于挑战自己、挑战权威、勇于实践自己的想法，能承担不利结果，并能禁受住多次失败打击的人，才会有一番大作为。生活中，没有人会随随便便成功，敢做并且做好，这就是成功。

以诚待人是最可贵的品质

在人际交往过程中，如果每个人都谎话连篇，那就太可怕了。而如果是做事情，别人答应得好好的，最后我们却连人家的影子都找不到，这让我们情何以堪。而这些事情，现在就确确实实发生在我们的身边。一方面固然是因为这些人爱贪小便宜、爱慕虚荣；另一方面如果我们周围的人都非常讲诚信，那么，这样的悲剧是不是就会少一些呢？人和人交往起来也就不会有那么多的顾虑呢？

曾经在杂志上看过这么一个故事，说有个小男孩，非常喜欢看奥斯特洛夫斯基写的《钢铁是怎样炼成的》。正好街上有家书店有卖，于是他便在放学后跑去那家书店看。刚去了几次，书店的老板见了小男孩就往外撵，还讽刺说买不起就不要看。

小男孩非常伤心。他真的做梦都想有一本崭新的《钢铁是怎样炼成的》，但是他家很穷，根本就拿不出多余的钱给他买书。怎么办呢？

有一天趁老板打扫卫生的间隙，小男孩偷偷溜进了书店，抓起架子上那本《钢铁是怎样炼成的》就往怀里塞。当时书店里还有另外一位中年妇人，她显然看到小男孩是想偷书，但是，她却装作什么也没有看见。

就在小男孩低头出门的时候，书店的老板进来了，小男孩吓坏了，不知道自己该怎么办。而书店的老板一眼就看见小男孩怀里鼓鼓囊囊的，像是揣着什么东西。正当他想问个究竟的时候，那位中年妇人开口了："你那本《钢铁是怎样炼成的》我买了，这个小男孩说他非常喜欢看这本书，所以我决定把书先借给他看。"听中年妇人这样说，书店的老板无话可说了，只好放小男孩走。

走出书店以后，那位中年妇人语重心长对小男孩说："孩子，以后长大了，一定要做一个正直、诚实的人，就像书里面的保尔一样，阿姨相信你肯定能做到。那本书就当阿姨送你的，拿去看吧。"说完，就走了。等小男孩回过神来的时候，那位好心的阿姨已经不见了。小男孩非常后悔，没有当面向那位阿姨说一声"谢谢"，并且问一下她的地址，等以后自己有钱了好去还她。

　　以后的日子，不管再苦再难，小男孩始终记着那位阿姨的教诲，做一个正直、诚实的人。很快，小男孩大学毕业了，长成大男孩了，而且也有稳定的收入了。他决定履行自己多年前的诺言，找到那位善良的阿姨，亲口向她说一声"谢谢"，并把那本书的钱还给她。

　　再见到那位阿姨的时候，他已经在当年那家书店门前整整等了两年六个月零七天。虽然那位阿姨已经认不出他了，但他还是很高兴，因为他终于完成了自己多年的愿望。

　　故事中的小男孩，非常喜欢看《钢铁是怎样炼成的》，但是他实在太穷了，没有多余的钱买书。于是，他决定去偷。就在他怀揣着书往外走的时候，却被书店的老板发现了，幸亏有位好心的阿姨巧妙地帮他解了围，并且把买下来的书送给了他。多年后，小男孩决定寻找当年那位善良的阿姨。经过两年多的等待，他终于见到了那位阿姨，兑现了自己的诺言。的确，诚信是人际交往中最可贵的品质。在与人交往的过程中，如果我们失去了诚信，将有可能寸步难行。因为：

　　1. 诚信的人比较诚实

　　诚信的人首先是一个诚实的人，说话办事老老实实。不会因为怕被别人骂，或者怕别人笑话，就不敢说出实情。而是就算别人再怎么责骂，再怎么嘲笑，他该说的话也还是要说。因为他觉得别人有权力知道实情，而他也有这个义务把事情的真相说出来。所以，我们常常会觉得诚实的人很傻很笨，因为他们明明知道前面是个火坑，还要睁着眼睛往下跳，任凭别人怎么劝也不听。但是我们却不得不承认，有时候傻人真的有傻福。

2. 诚信的人让人信赖

的确，一个说话做事雷厉风行、说一不二的人，无论是作为我们的同事，还是朋友，我们都应该感到非常幸运。因为这样的人，通常说得出就能做得到，而且说话做事不掺一点水分，工作总是高质量地完成。如果我们有重要的任务交给这样的人去做，我们根本都不用操心，我们能想到的，他都想到了；我们没有想到的，他也想到了。总之，诚信的人就有这样的魅力，让人不知不觉地就对他们产生信赖，想和他们交往共事。

3. 诚信的人有责任心

诚信的人不仅会把别人的事当成自己的事去做，甚至对别人的事看得比自己的事还要重要，比对自己的事更加上心。因为他们觉得，自己既然已经答应了别人，就有责任和义务去完成别人交代的事情，这样才不会误了别人的事，给别人造成不必要的麻烦。而且这样别人下一次有事还会找自己，双方才会有继续合作的机会。

诚诚实实做人，踏踏实实做事

著名爱国将领冯玉祥将军曾经说过一句话："对人以诚信，人不欺我；对事以诚信，事无不成。"的确，在工作和生活中，如果我们始终坚持诚实和人交往，别人必会认为我们为人正直，值得信赖。而做事情的时候，如果我们同样以踏实的态度对待每件事情，精益求精。久而久之，我们的办事能力就会提高。而且，别人会觉得我们非常有责任感，我们办事他们放心。

听同事说，单位楼下最近新开了家面馆，名字叫"一碗香"，老板是位戴着眼镜的中年男子。这家店的店规很奇怪，面不接受外带，想吃要到店里来吃，也不接受预订，客人现来现做。并且，他们的所有材料都是限量的，什么时候卖完什么时候关门。

陆海天听了很好奇，现在但凡做生意的，谁都巴不得一天24小时有人才高兴，居然还有这么做生意的，他倒要看看这位怪老板跟别人有什么不一样。

进去坐下以后，陆海天看了半天也没看出，这家面馆跟别家面馆有什么不一样的地方，无非是稍微干净一点，而且也看不出老板有什么过人之处。

面端上来以后，陆海天也没觉出有什么特别。只是觉得他们的配菜颜色很好看，面条更筋道一些，汤非常清亮，吃起来的味道就像妈妈亲手做的一样。而且吃完后胃里觉得很舒服，嘴里也没有什么怪味。

陆海天是北方人，本来就喜欢吃面。而且"一碗香"就在楼下，他便经常去吃。时间长了，跟面馆老板认识了，遇到客人不多的时候，面馆老板还会跟陆海天聊一会儿天。

面馆老板告诉陆海天，他也非常喜欢吃面，而且最喜欢吃妈妈做的长面，在他看来，那是世界上最好吃的面。所以，他病退以后，就开了这家面馆，专卖长面，以便让更多的人能品尝到妈妈的味道。

陆海天不解地问："既然这样，那你为什么不接受预订和外卖呢？"

面馆老板笑着说："我当然知道预订和外卖能给我带来很大的经济效益，还有源源不断的客流。但是，在我看来，让客人吃到味道最好的面才是最重要的。因为再筋道的面条带出去，也会失去本身的爽滑和口感。我不想让客人误以为我们的面不筋道，不好吃，所以，宁可少赚一些，也绝不自损信誉。"

陆海天不服气地说："我承认你说的有一定的道理。但我还有一件事情不明白，为什么你们店规定每天只卖200碗就不卖了，有时候还不到中午呢就关门了，这又是何道理啊？"

面馆老板哈哈一笑："我们也是人啊，你以为做面容易，只有让所有的人都休息好了，心情愉快，做出的面才会更有味道，客人吃了才会还想来，总之，诚诚实实做人，踏踏实实做事，生意才会做得长久。"

陆海天听完不由得感慨万千，说得多好啊，可是生活中，偏偏就有许多人放着阳关大道不走，偏走歪门邪道，自己以为是通往成功的捷径，其实离成功已经越来越远。

故事中的陆海天，在听了同事们的议论后，对楼下面馆的"怪老板"感到很好奇，因为他们的面既不接受预订，也不接受外卖，而且还是限量版的。后来，在跟面馆老板熟悉了以后，他才明白了他这么做的原因。陆海天不由得感慨面馆老板的大智慧，同时也为更多还在成功门外徘徊的人惋惜。本本分分做人，踏踏实实做事，才是成功之道。为什么这么说呢？

1. 诚实做人，别人才会信任我们

一个嘴里没有几句实话的人，别人敢信任吗？谁知道他的话哪句是真的，哪句是假的，保不准全是假的。见面打个招呼还可以，深交就不必了，让他帮忙就更不必了，鬼才知道他会不会把自己给卖了，还在一旁偷笑。这样的人，就算能力再强，事情做得再好，我们也最好对他敬而远之，因为谁也不知道他下一次会出什么幺蛾子。

2. 诚实做人，别人才会喜欢我们

诚实的人，虽然有时候看上去有些笨笨的，脑筋不会

情商:让你成为一个受欢迎的人,成就最好的自己·186

急转弯,也爱较真,但办起事来让我们放心,因为他们不会犯大的、原则性的错误。他们通常都有自己做事的底线,如果超过了某个限度,就算再怎么诱惑他,他也绝不会朝前走一步。所以,尽管他们有这样那样的缺点,但依然让我们很喜欢,最起码和他们在一起,我们不会受大的伤害。

3. 踏实做事,事情才会尽善尽美

在做事情的过程中,不管是大事还是小事,都要当成最重要的事情来做,争取做到最好,让别人的评价更高,这才是我们要考虑的。因为以这样的想法做事,不管遇到的问题有多小,都会积极地去处理改进,把每一个环节都争取做到做好。所以,只有踏实做事,事情才会做得尽善尽美。

4. 踏实做事,能力才会越来越强

当我们认真做事的时候,往往会发现一些以前容易被忽视的小问题,通过解决这些问题,我们很可能会找到更好的做事情的方式方法。这样不断地发现问题,然后再不断地改进调整,慢慢地,我们的思路就会越来越开阔,想法也会变得越来越多,而考虑得也会越来越全面。与此同时,因为所有的做事经验都是实践得来的,实践得越多我们的能力就会越强。

一诺千金，有诺必践

一言既出，驷马难追。人应该做到一诺千金，有诺必践，千万不要失信于人。

周幽王得了难得的美人褒姒，十分高兴。但是褒姒不爱笑，周幽王想尽办法想博得褒姒的开心一笑，但始终不行。有一天，周幽王陪着褒姒登城楼观望，周幽王突然之间想起了一个绝妙的高招，让大臣点燃了烽火。周朝的规矩是只有在外敌入侵时，才能举烽火报警。结果各路诸侯领兵都纷纷赶到，看着诸侯们忙乱的样子，褒姒大笑不已。一时周幽王十分高兴，于是隔三岔五就点燃烽火，最后导致各路诸侯不信烽火，放松警惕，再也不来了。后来犬戎攻打过来，周幽王派人去点烽火求救，就再也没有救兵赶到。

失信于人是最忌讳的事情。古时候有些人为了强大国家的目的，首先会建立人们的普遍信任。

商鞅是使秦国由弱到强的关键人物，商鞅在秦国推行变法之前，首先就解决了信任问题和忠诚问题。商鞅起草了一个改革的法令，但又怕老百姓不相信他，于是就叫人在都城的南门竖了一根很高的木头，并说，谁能把木头搬到北门，就赏谁 10 两金子。很多人都以为这是开玩笑。商鞅知道老百姓不相信他，就把赏金提高到 50 两金子。人们在木头旁议论纷纷，终于有一个人把木头扛起来，一直扛到了北门。结果商鞅真的赏给那人50两金子。这件事在秦国引起了轰动，商鞅说到做到，在老百姓中有了威信，于是商鞅就把新法令公布了出去。秦孝公这样一号召，果然吸引了不少有才干的人。

商鞅有令必行、言而有信的作风是赢得信任的关键，同时也为秦国国君赢得了百姓的忠诚。

古时，济阴有一个商人在过河时翻了船，他只好抓住水中漂浮的枯枝乱草拼命挣扎。一个打鱼的人听到呼救，立即把船划过去救他。商人为了抓紧时间死里逃生，便对着渔夫大声喊道："我是济阴的名门富豪，只要你能救我，我送给你100金。"于是渔夫使出浑身的力气，抢在商人沉没之前把他救到岸上。可是商人上岸后只给了渔夫10金。渔夫对商人说："你不是答应给我100金的吗？现在你得救了怎么只给我10金？"商人一听脸色就变了。他说："像你这样的一个渔夫，往常一天能挣几个钱？刚才一眨眼工夫你就得到了10金，难道还不满足？"渔夫也不好跟他争辩，于是走了。

过了些日子，那个商人从吕梁坐船而下，结果他的船又在半路上触礁翻沉了。而刚好那个渔夫正在附近，有人问渔夫："你为什么不把岸边的小船划过去救他呢？"渔夫回答说："他是个答应给酬金，过后却翻脸不认人的吝啬鬼!"于是渔夫站在岸上袖手旁观。不一会儿,那个商人就被河水吞没了。

一个人答应别人的事情就必须言而有信,否则就不要答应。有的人喜欢空口许诺,最后导致别人的不信任。在答应别人之前,也要确定自己是否能够做到,如果确实做不到,也不要轻易答应。

在社会中生存,一定要掌握信任的利器,不要随便地破坏别人对自己的信任。说话一是一,二是二,言出必行。

第三章 做人有气度：能屈能伸，敢作敢当

能屈能伸的人才会有所作为

刚直不阿、宁折不弯固然令人敬佩，然而在对自己不利的情况下，保存实力急流勇退，未尝不是一种明智的选择。暂时的输赢并不能说明什么，谁能笑到最后，谁才是真正的赢家。所以，我们大可不必为暂时的失败耿耿于怀，只要我们每一次站起来的时候，比上一次更强大，我们就有赢的希望。总之，我们如果想有所作为，就一定要学会能屈能伸，该低头的时候低头。

张真学的主管王先生是一个非常苛刻而且脾气暴躁的人。经常动不动就对下属拍桌子大吼，写错一个标点符号，他也要给你严厉地指出来。张真学想不明白，他怎么就那么细心，就像长了一双"火眼金睛"，任何蛛丝马迹都瞒不过他的眼睛。

张真学和同事们对王先生真是又恨又怕又敬。摊上这

样一个"暴君"上司，除非是不干了走人，否则就要夹着尾巴做人，天天受他折磨。张真学真不知道自己什么时候才可以脱离苦海，不受王先生的管。有好几次，他都打算跟王先生大吵一架，然后走人。

但那样做实在是太窝囊了。就算自己有一天真的要走，也一定要做出一番成绩后再高调离开。现在走了，反而会让王先生觉得我一点儿抗压性都没有，更加从心里瞧不起我。

这么一想，张真学突然觉得自己有了坚持下去的信心，工作起来也更有干劲了。王先生再骂他，他也不生气了，因为他现在是为证明自己而工作，他要让王先生看一看自己是个有能力的人。

公司里好多同事都陆陆续续离开了，因为受不了王先生的坏脾气，最后就剩下张真学还在那儿苦苦坚守。张真学时刻提醒自己，越是在这种情况下，自己越不能有放弃的念头。

虽然部门里只剩下张真学一个人了，但王先生并没有因此而改变他的坏脾气。只要张真学工作上出了错，有做得不合适的地方，不论是大错还是小错，他还是一如往常的连说带骂。张真学已经习惯了，有时候想想，他还挺感谢王先生的，正是因为他的严厉现在他干起工作来才十二分的认真，现在已经基本上得心应手，没有什么工作能难得倒他了，也不怎么挨王先生的骂了。

就在张真学在为走还是留左右为难的时候，总经理在员工会议上公布了一项任命决定，张真学任新任主管，王先生培养接班人有功，任部门经理。张真学百感交集，庆幸自己当初没有赌气离开，更为王先生和公司的良苦用心感叹不已。

故事中的张真学有一个脾气非常暴躁的上司王先生，经常对下属破口大骂拍桌子，很多同事都因为受不了王先生的坏脾气，离开公司另谋高就了，只有张真学还在坚持。不是他不想走，而是他不想让王先生从此以后看不起他。事实证明，他的选择是明智的。在生活中，很多事情都不是一帆风顺的，逃避解决不了任何问题，只有能屈能伸，勇敢地面对现实，不断提高自己的素质，才有翻盘的机会。这是因为：

1. 能屈能伸的人有自知之明

知道自己的长处是什么、优点是什么，也知道自己的短处是什么、缺点是什么。对自己的评价很客观，既不褒也不贬。他们明白自己跟别人比起来存在哪些差距，而且这些差距，不是一天两天就可以赶上的，必须要通过很长时间，几个月，甚至几年不断地潜心修炼，才有可能和对方打成平手。

2. 能屈能伸的人有知人之明

知己知彼，方能百战百胜。全面了解自己还不够，还必须对对手有足够多的了解，这样我们才能做到有的放矢。如果连对方都不了解，不知道人家的优势是什么，有哪些特点，会对我们造成威胁，这样我们怕是连自己怎么失败了的都不知道。再强大的对手也有自己的软肋，而这往往就是他们的"死穴"。所以我们一定要有知人之明。

3. 能屈能伸的人不在乎输赢

一个能忍受暂时屈辱和失败的人，一定是胸怀大志的人。他们在乎的是有朝一日能证明自己，而不是在自己还没有足够能力的时候，就被对方断了成功的后路，以后再也没有翻身的机会。所以，真正能屈能伸的人，绝不会在乎暂时的输赢，在他们看来，一时的输赢并不能说明什么。

4. 能屈能伸方可以有所作为

知道什么时候该进，什么时候该退，相时而动，在适当的时候做适当的事，这样的人，才是真正的智者。就像水一样，在大海里便汹涌澎湃，而在山涧中则化为涓涓细流，根据所处的环境不同，改变自己的形态，一样可以很精彩。

忍字头上一把刀，看你的度量

生活中经常有这样的情况，有些事情，我们很可能当时忍一忍，跟对方认个错服个软，不跟对方过分计较，也就过去了，什么事也不会发生。可偏偏有时候我们自己心情也不好，正在气头上，再加上对方无理取闹胡搅蛮缠，实在气不过，忍无可忍之下，就冲动地跟对方动手了。其实事后想想何必呢，为了一点小事大动干戈，气坏了自己不说，说不定还得赔人家医药费。还不如度量放大一些，免得给自己惹上不必要的麻烦。

这是一个真实的故事。对当事人来说，可以说是一次血的教训。如果当时，其中有一个人度量大一些，忍一忍，不跟对方计较，那么这件事也许根本就不会发生。

高宗扬是个出租车司机。说实话，在这座小县城跑车，一天下来真挣不了几个钱，因为县城就那么大，十分钟就可以跑个来回，虽然说起价高一点，但总体下来还是不行，也就勉勉强强赚个饭钱吧。

那天在四中门口，高宗扬载了一位老师。那位老师说去吃碱面，让高宗扬拉他到碱面馆。一路上，两个人说说笑笑，还聊得挺好的。

谁知，到了碱面馆门口，下车的时候，高宗扬说5元钱，那个老师只撂给了他3元钱，就下车了。高宗扬气不过，也跟着下了车。

两个人在碱面馆门口为了区区两元钱，吵吵嚷嚷推来搡去。

这时候，碱面馆的老板听到动静出来了，问清楚事情的原委以后，对那位老师说："不就两元钱吗，你就给人家算了，本来在这个县城跑出租，一天就拉不上几个人，再说你也是个老师，和一个出租车司机为两元钱吵架，丢不丢人？"

那位老师一听脸上挂不住了，恼羞成怒地对面馆老板说："你算什么东西，不就是个开面馆的吗？有什么资格教训我！今天我就不给了，看你们拿我怎么办？我堂堂一个老师，还怕你不成？"

面馆老板一听气坏了，自己本来是主持公道，没想到今天这个老师居然骂他。就在大家都以为事情就这么完了的时候，突然，面馆老板不知从什么地方拿了一把刀，对那位老师一顿乱捅。

周围的人都吓坏了，跑的跑，报警的报警。那位老师在去医院的路上就断气了，等待面馆老板的将是法律的严厉制裁。

故事中的教训可谓是深刻的，面馆老板本来是个局外人，但因为看不惯那位老师的所作所为，站出来理论两句。那位老师为了区区两元钱，最后却丢了性命。其实，当时如果那位老师把钱给了出租车司机，或者说话的时候稍微注意一点，不要激怒了面馆老板，又或者面馆老板不一时冲动，那么最后就不会走上犯罪的道路。"忍"字头上一把刀，说得真是一点儿也不假。只有那些心胸宽广的人，才不跟别人作无谓的计较，那是因为：

1. 忍可以保护自己

尤其是碰到一些不讲理，做事情不按常规出牌的人，说话做事一定要谨慎。该认输的时候认输，适当地给人家服个软、认个错，不跟别人过分计较，更不能跟别人对着干，如果一旦不注意惹恼了对方，最后受伤害的往往是我们自己。一定要记住，好汉不吃眼前亏，要学会保护自己。

2. 忍可以大事化小

一个巴掌拍不响，出了问题通常都不是单方面的错，如果你在对方恶言恶语的时候，能忍住咽下这口气，不理会对方，随别人怎么说，就当自己是个局外人。这样，别人说着说着也就感觉没意思了，因为架是两个人吵的，光一个人说就不叫吵架了。而且，你一句话不说，还会让对方产生一种错觉，认为他赢了，你说不过他了，这样他的目的达到了，自然也就不会再来找你的麻烦了。而你也就可以大事化小，小事化了了。

3. 跟人计较没意思

遇到讲理的人，你跟他理论一番，把道理讲清楚，也许还能分得出谁对谁错，让对方认可你的观点。要是碰上不讲理的人，说了也是白说，还不如不说。因为有些事情，双方站的角度不同、立场不同、看问题的眼光不同，根本就说不清楚到底是谁做错了，反而公说公有理，婆说婆有理，说着说着到最后有理的都变成没理的了。尤其是家务事，又不是什么大事，不管对错与否，就当错了跟对方认个错就好了，太计较了真没意思。

4. 能忍是一种境界

因为能忍的人，往往度量比较大。看问题不只看眼前，不在乎一时的得失，不在意一时的荣辱，也不在乎别人对他们的评价，因为他们不是为了别人而活，只是为了自己在认真地活着，所以，别人的冷嘲热讽一般对他们起不了多大作用。能忍之所以是一种境界，就是由于世间很少有人能真正看清自己，明白一切的得失都只不过是过眼云烟，而我们也只是时间的过客而已。

做人不要太较真，偶尔也要转个弯

在有些事情上，适当地较真，坚持原则固然是对的。但是如果我们过于较真，明明事情还有回旋的余地，你却死守着所谓的规章制度不松口，让本来能办成的事，到最后因为你的原因没有办成，你想别人心里会是什么感觉，人家肯定会在背地里骂你是老古板、死脑筋。说不定有些人还会觉得你根本就是在故意为难他们，而对你怀恨在心，伺机报复。所以，做人不要太较真，偶尔也学会脑筋急转弯，与人方便与己方便。

赵磊磊最近真是快要气死了，说得好好的公司这个月给他结清工资，但发工资的时候他打电话问会计，谁知会计说这个月还是没有他的工资。

"这叫什么事嘛！"赵磊磊在电话里气愤地说，"要发就痛快点发，不发就直说，这样拖着到底什么意思？"

只听电话那端，会计无奈地笑着说："我也没办法啊，我也想发给你，可这是总经理交代的，你说我能怎么办？"

赵磊磊知道会计说的是实话，因为在公司他虽然待了没多长时间，但就数和会计关系最好了。

事情是这样的：赵磊磊在离开公司的时候，由于不是很清楚公司的离职手续，在离职表上只让主管、财务主管和会计签了字，没有让总经理签字。不是赵磊磊不想让总经理签，而是赵磊磊走的那天，刚好总经理和副总经理去外地学习了，不在公司。

但没想到就因为最后走的时候，在离职表上没有让总经理签字，总经理就扣发赵磊磊的工资了，还说赵磊磊违反了公司的规定，因为他在员工大会上刚刚规定，员工离职的时候必须最后由他签字同意后，方可离开，否则一律停发工资。

赵磊磊当然知道总经理是个坚持原则的人，但现在总经理搬出公司的规定来压他，恐怕不仅仅是因为他违反了所谓的公司规定，而是想逼他放弃领那一个月的工资。

就在他准备向劳动部门投诉的时候，会计给他打电话了，说让他明天早上过去领工资，还说总经理说赵磊磊虽然违反了公司规定，但有客观原因，所以不能一概而论，要区别对待。

该案例中的总经理，可以算是一个比较较真的人，就因为员工最后走的时候，没按规定让他签字，他就扣发人家的工资。不仅让离职员工对他产生不好的想法，觉得他想以此赖人家工资，而且还影响了他在在职员工心目中的形象。幸亏最后他及时发现了自己的错误，特殊情况区别对待，才没有酿成更坏的结果。由此可见，做人太较真了也不好，容易让别人产生误会，所以，我们偶尔也要转个弯，具体问题具体分析。这样做是因为：

1. 太较真的人容易得罪人

我们一直说中庸之道，还说做人要外圆内方，其实都是一回事。不管是做人还是做事，我们一定要掌握好适当的一个度，因为一旦越过了界限，好事可能也就变成坏事了。就像水一样，在0℃以上是液态的，而在0℃以下则变成了固态的，成了冰。这里的0℃就是那个度。做人也一样，过与不及都不好，认真就可以了，但不要太较真，否则就会在不经意当中得罪别人，让自己今后的路更加不好走。

2. 太较真就等于不通人情

说句实话，有时候遇到太较真的人还真能把我们气个半死，本来也不是什么违反原则的事，睁一只眼闭一只眼可能也就过去了，不会有什么大的问题，你好我好大家都好。可遇到太较真的人偏偏就是不行，说他尽职尽责吧，他也真够敬业的，但就是做人太死板，太教条，少了做人的那么一点儿可爱，让人觉得不通情达理。

3. 太较真还可能会误大事

这种情况可能在医院里出现的概率比较高。病人家属出来的时候，或者是因为紧张忘了带钱，或者是已经有人去取钱了，但还没有回来，但很多医院明明知道病人没有时间等了，再等就要出人命了，但他们还是非常坚持原则，非要等病人家属把钱交上了才给病人看病。本来病人的情况就比较危急，刚刚送到医院马上抢救，还可能会救过来，却因为钱不到位，医院太过于较真，而贻误了治疗的最佳时机。

4. 与人方便就是与己方便

该通融的时候，就适当地给别人通融一下，只要不违反大的原则就行。况且让别人跑来跑去，浪费时间不说，也好像是在变相地为难人家，还不如痛痛快快地把事给别人办了，顺便提醒一下别人，让他来的时候把什么都准备好，这次就把事情给办了，这样人家还会感激你。与人方便，其实就是与己方便。

肯取舍才能做出正确的选择

任何事情都不是绝对的，有利必有弊，有好处就有坏处。就像药，虽然能帮我们解除病痛，让我们恢复健康，但也会给我们的身体带来一定的不利影响，所以才有了那句话"是药三分毒"。有些事情好与不好，其实完全决定于我们如何取舍。怕的是看着这个也好，那个也不错，挑来挑去挑花了眼，错过了选择的最佳时机。因为，人生的很多选择都是单项选择，选择了成功，就意味着必须要放弃按部就班的生活，只有肯取舍才能做出正确的选择。

乔白一刚毕业那会儿，好多同学都选择了考公务员。理由是公务员工资相对稳定，没有太大的压力，而且听上去也体面。

乔白一的父母也极力建议他考公务员，而且把考试的书都给他买好了。但乔白一不想过那样的生活，因为他的父母都是公务员，两个人辛辛苦苦一辈子了，现在都老了还住在单位分的房子里。

为了不让父母伤心，乔白一只好借口搬出去复习，利用节假日打工攒下的钱，在闹市区租了一间小小的铺面，当起了擦鞋匠。因为他想来想去，就只有给别人擦鞋不怎么费成本，而且赚钱也快。

事实证明，乔白一的决定是正确的。由于他服务热情周到，收费又合理，第一个月刨去成本，他就赚了将近1万元钱。接下来的几个月，更是月月突破万元大关。以这样的速度赚钱，不出几年，他便可以给父母买一套大一点的房子了。

乔白一想好了，等公考结束以后，他就跟父母说，他不想考公务员了，他要当个擦鞋匠，并带父母到自己的小店里参观，好让他们放心。

谁料父母不知道从哪儿听说了，那天乔白一下班后刚把门锁上，他父母就跑过来教训他，一个劲儿地骂他是败家子，还说他不求上进，堂堂大学生居然在大街上给别人擦鞋。乔白一知道父母是为自己着想，但他却被那句"败家子"深深地激怒了，大吼了一句："我的事从此以后不用你们管！"

从此以后，乔白一暗暗下了决心，他一定要做出成绩，证明给所有的人看。

接下来的几年，乔白一不断地增加店面，他的擦鞋店很快就遍及了整个城市，而且还扩张到了周边的几个省市。而他的父母早就被他接到了大房子里，那些考上公务员的同学，也都很羡慕他，说他走对了路。

案例中的乔白一，在毕业以后没有"随大溜"考公务员，而是选择了自己创业，当个擦鞋匠。父母知道后坚决反对，但他没有妥协，而是坚持自己的选择，后来生意做得越来越大，不仅给父母买了大房子，而且就连当初考上公务员的那些同学，也都非常羡慕他。的确，有时候选择什么样的生活，就看我们如何取舍。只有那些会取舍的人，才会做出正确的选择。这是因为：

1. 肯取舍的人，有明确的人生规划

肯取舍的人，往往都对自己今后的生活有个大致的规划，比如说做什么样的工作，做到何种程度，在什么地方上班，跟什么样的人生活在一起等。碰到符合条件的就去做，不符合条件的就不做。虽然为了生存，可能会暂时做出妥协，但一等条件成熟，他们还是会坚持自己当初的决定。其实有时候选择就是这么简单，我们考虑得越多，反而越没有了主意，适当地删繁就简，才会生活得更轻松更快乐。

2. 肯取舍的人，知道自己想要什么

肯取舍的人，心里很清楚自己最想要的是什么。是想要平淡温馨的家庭生活，找个自己爱也爱自己的人，生个孩子，一家人快快乐乐地过一辈子？还是做个职场达人叱咤风云，每天忙忙碌碌，吃不香睡不着，弄得自己身心疲愈？无论选择什么样的人生，什么样的生活，我们都可以好好地活下去；但只有我们知道自己真正想要的是什么，才会做出最正确的选择，走完无悔的一生。

3. 肯取舍的人，通常比较了解自己

了解自己的个性、脾气、能力，明白什么样的人才适合跟我们在一起生活，脾气个性都能合得来。做什么样的工作，自己才会开心，能赚到钱，而且做起来特别顺手，也容易做出成绩，有成就感。由于每个人的性格、受教育程度不一样，所以适合从事的工作也会不一样。生活中，最好的不一定是最正确的，往往那些最适合我们的才是最正确的选择。

4. 肯取舍的人，对自己会比较负责

别人干什么，自己也跟着干什么，这是一种对自己极度不负责任的表现，也是一种不成熟的表现。对自己负责任的人，会按自己既定的人生规划去生活，该做什么的时候就做什么，而不是看着别人做，自己也模仿着做，或者别人让他们做什么，他们就不假思索地做什么。他们一定会依自己的能力、个性、客观条件，选择最有利于自己发展的工作去做，而不是等工作来选择他们。

看人看事有时也需要一笑而过

在生活中，有时候我们遇到的某些人，或者遭遇到的某些事，常常会让我们有一种很无奈的感觉。我们出于好心帮了别人，别人非但不领情，还反过来责怪我们。事情明明是这样，别人却硬说成那样，本来两个人都有错，经他的嘴那么一说，好像错全是另外一个人的，他一点儿错也没有，只是无辜的受害者。遇到这种不讲道理胡搅蛮缠的人，我们没必要太计较，因为他们根本就不值得我们费心。一笑而过，既让他们摸不清我们的态度，也表明了我们的态度。

李彩霞知道自从她当上办公室主任以后，厂里很多人都在背后对她说三道四。说她来厂里时间不长，年纪轻轻，又没什么工作经验，谁知道她这个办公室主任是怎么当上的。

但李彩霞坚信一点，身正不怕影子歪，所以懒得去理会别人的流言蜚语，有时候就算听到了也只是一笑而过。她相信只要自己在以后的工作中做出成绩，向所有的人证明自己的能力，谣言自然会不攻自破。

机会从来都是留给有准备的人的。就在李彩霞打算好好表现一番的时候，市电视台的记者到她们厂里来采访了。作为厂里的办公室主任，接待外来重要客人乃是李彩霞的职责所在。

由于李彩霞接待工作做得非常周到，就连电视台的记者都对她赞赏有加，在厂长面前一个劲儿地夸她，说办公室的李主任是个人才，小小年纪说话做事就如此周到。

鉴于记者对李彩霞印象这么好，厂长干脆做个顺水人情，让李彩霞代表他以及厂里接受市电视台的采访。李彩霞没有让大家失望，她表现得非常好，态度不卑不亢，说话不紧不慢，最重要的是，她的回答可以说是相当贴切和得体，既很好地突出了她们厂的实力，又让别人听着心里觉得很舒服。

新闻播出后，那些先前对李彩霞说三道四的人，都不由得脸红了。从那以后，也不好意思再说李彩霞什么了。而李彩霞也装着什么事都没有发生，还和以前一样，继续跟大家说说笑笑。

案例中的李彩霞，年纪轻轻就成了厂里的办公室主任，很多人都对她不服气，在背后说她的闲话，可她并没有在意，只是一笑而过。终于在市电视台来厂里采访的时候，李彩霞抓住机会，好好地表现了一把，让所有的人都对她心服口服，而那些中伤她的人，更是羞愧难当，从此也再不好意思背后议论她了。可见，在生活中，有些事解释是解释不清楚的，反而会越描越黑，看人看事有时也需要一笑而过。那么，遇到哪些情况时，我们可以一笑而过，不与之计较呢？

1. 听到自己的流言蜚语时，一笑而过

树欲静而风不止。有些时候，就算我们什么也没有做，但一些别有用心的人还是会给我们编造出一些"故事"来。我们站出来辟谣，他们会说我们是在为自己辩解，反而会变本加厉地伤害我们。倒不如装作什么事情也没有发生，不去理会他们，一笑而过。让事实来说话，证明自己的清白，让那些谣言不攻自破，也让那些传播散布谣言的人，找不到攻击我们的理由，更不好意思再胡说八道。

2. 别人误解我们的好意时，一笑而过

当然，有时候也可能是我们的原因，还没搞清楚别人的真实意图，就在那儿瞎出主意，乱帮忙。别人可能说的是气话，我们却信以为真，按着别人说的去做，结果别人不但不感激我们，还说我们是帮倒忙。这样的例子生活中很多，别人说得很对，确实也怪我们，不会听话。但是，有些情况下，我们明明是出于好意，却因为人与人之间互相缺乏信任，别人根本不相信我们说的话，这时，多说也是无益，还不如自嘲一下，一笑而过。

3. 别人故意想刁难我们时，一笑而过

有些时候，别人可能想试探我们的能力，或者就是想给我们一个下马威，让我们知难而退，不去做某些事。遇到这种情况，如果我们认输，别人就会觉得我们好欺负，以后更不会把我们放在眼里，一定要巧妙地反击，但是要点到为止，给对方一点教训，让对方知道我们的实力就可以了，从今往后不敢再随便找我们的麻烦，然后一笑而过。

4. 不能正常跟别人沟通时，一笑而过

由于经历、价值观、人生观的不同，有些人可能跟我们的想法截然不同：我们极力推崇的，正是他所反对的；我们讨厌的，却又偏偏是他所喜欢的；我们说的他不感兴趣，他说的我们又听不太懂。就像是来自两个星球的人，因为缺乏共同语言，根本就没有办法沟通。说得越多，反而彼此之间的分歧越大，矛盾也越来越多，倒不如见了面友好地打声招呼，然后一笑而过。

放下自己身段有勇气

那些自以为自己很有身份的人，在人际交往中，往往不屑于跟其他人交流，觉得有失自己的身份。没有人生来就是卑贱的，在生命面前人人平等。那些放不下自己身段的人，一般来说，不是虚荣心很强的人，就是内心很自卑的人，所以才需要身份这个光环，让别人觉得他们高高在上与众不同。因为他们已经习惯了生活在鲜花掌声中，没有这些他们就会受不了。由此可见，放下身段也需要勇气。

许泽山是做服装批发生意的。做得最好的时候，周边几个批发市场都有他的铺面，而且生意都还不错。朋友们聚会几乎每次都是他在张罗，账自然也是由他来结。

谁知这两年生意越来越难做，由于许泽山卖的是低端服装，主要针对的是农村市场，因为他认为农村人口比较多，而且农民大多数都舍不得花钱，而他的服装虽然样子老旧了些，质量也算不上太好，可是相对而言价格也是最便宜的。虽然挣不了什么大钱，可也不至于会赔本。

可是最近，进货商们都纷纷抱怨说他的服装质量太次了，样子又老气，就连农村那些老太太们也看不上眼了，所以他们没办法只好来退货了。许泽山一听急了，把货款全部退还，那自己不是彻底赔了吗？

但那些进货商们非要拿到钱才肯走，而且为了防止许泽山跑了，不管许泽山干什么他们都跟在后面，就连上厕所也在外面守着。几天下来，许泽山真受不了了。为了凑钱还账，他转让了好几个铺面，但钱还是不够。现在就剩下地段最好的那个铺面了，那是许泽山的全部心血所在，说什么也不能把它转让出去。

为了还账，许泽山四处筹钱，给以前经常在一起玩的那些朋友打电话，刚开始还有说有笑，但一听说许泽山是要借钱，一个个不是借故有事，就是推脱说很忙。没办法，许泽山只好忍着痛把最后一家店也转了，还完所有的债以后，他身上就只剩下不到 200 元钱了。

还不到半个月时间，许泽山从一个身家几十万元的小老板彻底沦为穷光蛋。为了生存，他干过保险推销员、酒店服务生，在街头发过传单。但每次都坚持不了一个月，他就不干了，总觉得再怎么说自己以前也是个小老板，现在却每天被别人吆来喝去的，受不了。

许泽山三天两头地换工作，他好像忘了他早已经不是老板了。

故事中的许泽山，因为决策的失误，使他几乎一夜之间，从小老板沦为了彻底的穷光蛋。为了生存，他从事过各种各样的工作，但他却始终放不下自己老板的身段，频繁地跳槽。由此可以看出，我们必须要试着面对现实，把自己当成一个普通人，否则，我们将永远无法从过去的阴影中走出来。若要有放下自己身段的勇气，就要做到以下几点：

1. 不介意别人忽略自己

当我们不再是老板、领导、名人的时候，身边的人见到我们，可能不会再像以前那样热情，不会再围着我们嘘寒问暖；我们说的话，别人可能也不会再像以前那样重视；甚至当我们出现的时候，别人根本就不会注意到我们。放下自己的身段，我们就要能忍受别人对我们的忽略，对我们的不重视，虽然这很痛苦，但只有真正地放下那个虚衔，我们才会重新面对自己，重新开始新的生活。

2. 不介意别人嘲笑自己

当公主不再是公主，而是灰姑娘，王子不再是王子，而是青蛙的时候，别人可能会嘲笑我们，因为别人觉得我们现在跟他们身份已经一样了，我们也不会拿他们怎么样了。这的确令人气愤，但现实就是这样，当我们不再是老板，不再是领导，不再有权力的时候，以前无意中得罪过的一些人，就会借机来取笑，甚至是羞辱我们。我们一定要做到淡然处之。

3. 不介意自己是普通人

其实回过头仔细想想，就算我们失败了又能怎么样，没钱又能怎么样，只不过是又回到原来的起点而已，大不了从头再来。人生就是这样的，没有人会一直成功，也没有人会永远失败。可好多人就是想不通，放不下自己的身段，不愿意做个普通人，或者不甘心做个平凡人。只有当我们彻底放下自己的身段，不介意做一个普通人，这样我们才会有东山再起的机会。

不逃避艰辛，才能有所突破

大多数人都在二十几岁步入社会，除了学历上的差异之外，其他的差别并不是很大。这些意气风发的年轻人，干劲十足，渴望着拥有一个美好的未来。但是几年的拼搏过后，其中一些人感觉到了个人力量的渺小，于是他们失望了，退缩了，忘记了当年的梦想。

天将降大任于斯人也，环境对于一个人日后的成长、成事具有举足轻重的作用。因为环境、际遇的不同，不是每个年轻人都可以一帆风顺地长成参天大树。如果你生来不幸，你应该坚信，没有人是注定要受苦的。处于苦难中时，不沮丧，不屈服，不逃避，给自己一个温馨的微笑，就会应验那句俗语：自助者，天助之。

日本最有名的推销员原一平，在刚走上推销岗位的头7个月，没有拉到一分钱保险，当然也拿不到一分钱薪水。只好上班不坐电车，中午不吃饭，每晚睡在公园的长凳上。但他依旧精神抖擞，每天清晨5点左右起来后，就从这个"家"徒步去上班。一路走得很有精神，有时还吹吹口哨，还热情地和人打打招呼。有一位很体面的绅士，经常看见他这副模样，备受感染，便与他寒暄："我看你笑嘻嘻的，浑身充满干劲儿，日子一定过得很舒服啦！"并邀请他吃早餐，他说："谢谢您！我已经用过了。"绅士便问他在哪里高就，当得知他是在保险公司当推销员时，绅士便说："我就投你的保险！"听了这句话，原一平猛觉"喜从天降"。

原来这位先生是一家大酒楼的老板，他不仅自己投保，还帮助原一平介绍业务。

到了1939年，原一平的销售业绩荣膺全日本之最，从1948年起，他连续15年保持全日本推销业绩第一的好成绩。1968年，他成了美国"百万圆桌会议"的终身会员。

虽身处逆境，但心底仍坚守成功信念的人，最终才有希望走出这种人生的困境。

以往，也许你常听到在困境中要奋发图强的言论，但另有一点是，在苦难之中，你还要保持一种乐观精神。这种精神表示你并没有怨天尤人，表示你已经做好了改变自己命运的准备，随时听候机遇的召唤。要记住，人生的目的应该是感受快乐与美好，不断追求。

在中国，杨澜是一位著名的节目主持人。1990年，还在北京外国语大学英语系读书的杨澜，偶然地从一次央视公开招聘中脱颖而出，成为《正大综艺》节目的主持人。

1993年底，正大集团总裁谢国民来到北京。在与杨澜的接触中，认为杨澜是个很有潜力的人，应该到国外去充充电，进一步提高自己的实力，发挥自己的潜力，并表示愿意无偿资助她去美国留学。

1994年，杨澜毅然辞去了人人羡慕的央视工作，选择了留学之路。在美国留学期间，杨澜用业余时间与上海东方电视台联合制作了《杨澜视线》，第一次以独立的眼光看待并介绍世界。凭借40集的《杨澜视线》，杨澜成功地实现了从娱乐节目主持人到复合型传媒人才的过渡。

1997年回国后，杨澜加盟了刚刚创办不久的香港凤凰卫视中文台。1998年1月，《杨澜工作室》在凤凰卫视正式开播。两年的名人采访经历，让杨澜产生了质的变化：她已经拥有了世界级的知名度、多年的媒体工作经验以及别人无法企及的名人资源。然而此时，杨澜又一次在成功的光环中选择了退出，选择开始新的生活。

2000年3月，杨澜收购了香港良记集团，并将其更名为阳光文化网络电视控股有限公司。可惜的是，杨澜的公司刚成立不久，就遭遇了全球经济不景气的浪潮。杨澜着手削减成本，锐意改革，终于在2003年转亏为盈。不久，阳光文化正式更名为阳光体育，走上了新的发展历程。可是，又一次获得成功的杨澜再次选择了退出，她辞去了董事局主席的职务，并表示将全身心投入文化电视节目的制作。

从最初的《正大综艺》，接着到美国留学，之后又转战香港凤凰卫视，开辟阳光卫视，到现在和湖南卫视合作，杨澜做出了太多人们想不到、不理解的选择。面对荣耀和掌声，她能够勇敢地走出来，需要的是非凡的胆识与勇气。

人生就是这样，不要活在别人的限制里，只有让自己冲出传统与世俗，才能够自由翱翔。

每个人的生活中都有许多困难之事横亘在面前，有些人轻易地就被一些鸡毛蒜皮的小事囚困一生，愁苦哀怨。而有些人则生而目光高远，希冀一个又一个人生的高峰，杨澜无疑属于后者。

有人说，人生最大的快乐就在于挑战自己、迎战困境，最终有所收获。从杨澜的身上，我们体会到了不断选择人生新环境的勇气，无论一个人已经做得多好，都有再次突破的可能，在这个过程中，他们逐渐实现了质的蜕变。